普通高等教育"十四五"规划教材

电力拖动数字控制系统设计

潘月斗　李华德　主编

北　京
冶金工业出版社
2021

内 容 提 要

本书从实际应用出发，系统地介绍了电力拖动控制系统数字化设计思想和方法。在介绍了电力拖动数字控制系统的组成、基本特点及理论基础之后，重点讲述了数字控制器的设计，最后详细讲述了电力拖动自动控制系统（交、直流调速系统，交流伺服系统）数字化设计方法、步骤，以及接口、总线设计等。

本书为高等学校自动化专业教材，也可供相关领域的工程技术人员参考。

图书在版编目（CIP）数据

电力拖动数字控制系统设计/潘月斗，李华德主编. —
北京：冶金工业出版社，2021.2
普通高等教育"十四五"规划教材
ISBN 978-7-5024-8710-2

Ⅰ.①电…　Ⅱ.①潘…　②李…　Ⅲ.①电力传动—
数字控制系统—系统设计　Ⅳ.①TM921.5

中国版本图书馆 CIP 数据核字（2021）第 019101 号

出 版 人　苏长永
地　　址　北京市东城区嵩祝院北巷 39 号　邮编　100009　电话　(010)64027926
网　　址　www.cnmip.com.cn　电子信箱　yjcbs@cnmip.com.cn
责任编辑　宋　良　郭冬艳　美术编辑　吕欣童　版式设计　禹　蕊
责任校对　郑　娟　责任印制　禹　蕊
ISBN 978-7-5024-8710-2
冶金工业出版社出版发行；各地新华书店经销；三河市双峰印刷装订有限公司印刷
2021 年 2 月第 1 版，2021 年 2 月第 1 次印刷
169mm×239mm；10.5 印张；204 千字；159 页
28.00 元
冶金工业出版社　投稿电话　(010)64027932　投稿信箱　tougao@cnmip.com.cn
冶金工业出版社营销中心　电话　(010)64044283　传真　(010)64027893
冶金工业出版社天猫旗舰店　yjgycbs.tmall.com
（本书如有印装质量问题，本社营销中心负责退换）

前　言

计算机控制技术正在迅速发展，显示出它的极大优越性和应用前景。目前，在工业控制、机器人，以及其他各种电子控制装置中都采用了数字控制技术。以微处理器为核心的数字控制器代替了传统的模拟控制器（或模拟调节器）是当代的重大科技进步。立足当代，放眼未来，积极地开展数字控制系统的教学、科学研究及技术开发是完全必要的，也是必须的。因此从应用出发，学习和掌握数字控制系统的设计方法在自动化领域中就显得越来越重要。

本书着眼于生产实际，在已介绍了数字控制系统基本理论的前提下，着重介绍了电力拖动数字控制系统的设计方法，其中以较多篇幅，较为详细地介绍了数字控制器的设计。也介绍了在电力电子及电力拖动领域中数字化技术的一些新进展。

本书第 1 章首先介绍了电力拖动数字控制系统的基本组成及其硬件系统和软件系统。软件系统主要介绍了软件整体结构——主循环程序和中断程序。之后介绍了电力拖动数字自动控制系统的基本特点，从而明确了数字系统与连续系统的相同和不同，达到对数字系统的深刻认识。

第 2 章简述了电力拖动数字控制系统设计的理论基础。

第 3 章介绍了数字控制器的设计与实现方法，是本书的重点。着重于数字 PID 调节器设计及改进方法，同时还介绍了极点配置与状态估计的数字控制器设计。

　　第 4 章介绍了电力拖动自动控制系统数字化的要领和步骤。结合实际介绍了直流双闭环调速系统、异步电动机矢量控制系统、永磁同步电动机直接转矩控制系统、交流伺服系统等数字化设计。

　　本书内容与工程实际相结合，涵盖了数字控制系统的设计内容及设计方法。本书作者向书中所有参考文献的作者们致以诚挚的感谢。

　　本书由北京科技大学潘月斗教授和李华德教授编写，陈涛博士、李永亮硕士、研究生张伟锋、王阳阳、蔡国庆、熊展博参与了本书的文献查阅、录入和校对等工作。

　　由于作者水平所限，书中不足之处，敬请读者批评指正。

编　者
2020 年 10 月

目　　录

绪　　论

自动控制系统分为模拟控制系统（连续控制系统）和数字控制系统（离散控制系统或计算机控制系统）。模拟控制系统基于模拟控制器件，在这类控制系统中，所有控制量的采集（采样）、各功能块之间的信息交换，以及他们的计算，控制，输出等功能的执行都是连续的，并行进行的，故又称为连续控制系统。和模拟控制系统相对应的数字控制系统基于数字控制器件，其核心是微处理器（计算机），在这类控制系统中，一个微处理器要完成大量的任务，由于在一定时间内，微处理器只能做一件事，所以这些任务必须分时，串行执行，把原来是连续的控制量间断成为每隔一定时间（周期）执行一次，故又成为离散控制。

数字控制系统作为离散时间系统，可采用差分方程来描述，并使用 z 变换法和离散状态空间法来分析和设计数字控制系统。数字控制系统设计方法通常有连续域离散化设计方法（或称模拟化设计方法）、离散域直接设计法、离散状态空间设计法（如最少能量控制、离散二次型最优控制）、复杂控制系统的设计法（串级控制、前馈控制、纯滞后补偿控制以及多变量解耦控制）等。

两种控制系统的原理及性能基本相同，都是用稳定性、能控性、能观性、动态特性来表征，或用稳定裕量、稳态指标、动态指标和综合指标来衡量系统的性能。

"数字控制的电力拖动自动控制系统"也称为"计算机控制的电力拖动自动控制系统"。至今，在各种应用领域中，连续（模拟）控制的交、直流调速系统，以及位置自动控制系统已经被数字控制所取代。数字控制技术（计算机控制技术）在电力拖动领域中的成功应用是近代的重大科技进步。

电力拖动数字自动控制系统的优越性：

（1）由计算机控制的各种电力电子功率变换装置可以使电动机有接近理想的供电电源，为提高系统的性能和扩展系统的功能提供了保证。

（2）以微处理器为核心的控制装置可以完成包括复杂计算和判断在内的高精度运算、变换和控制。软件的模块化结构可以实时增加、更改、删减应用程序，当实际系统变化时也可彻底更新，软件控制的这种灵活性大大增强了控制器对被控制对象的适应能力，使各种新的控制策略和控制方法得到实现。

（3）数字控制系统硬件电路的标准化程度高，制作成本低，且不受器件温度漂移的影响。

（4）数字控制装置体积小、重量轻、耗能少。

（5）具有很强的通信功能，通过现场总线可以与工业控制系统上位机联机工作。

（6）可对系统运行状态进行监视、预警、故障诊断和数据采集。

数字控制的电力拖动自动控制系统的问题：

（1）存在采样和量化误差。数模（D/A）、模数（A/D）转换器的位数和计算机的字长是一定的，增加位数和字长及提高采样频率可以减少这一误差，然而不可以无限制地增加。

（2）动态响应慢于电力拖动连续（模拟）自动控制系统。由于计算机以串行方式处理信号，因此完成一个任务总是需要一定时间的，目前的措施是提高微处理器的运算速度。

（3）采样时间延迟可能引起系统的不稳定。

（4）软件实现的功能难以使用仪器仪表（如示波器、万用表、电流表、电压表等）直接进行观测。

控制系统数字化的新进展：

随着计算机技术的迅速发展和应用的日益普及，20世纪70年代后，随着微处理器的问世，计算机在自动控制领域得到了广泛应用，如今绝大部分控制系统都采用计算机进行控制，这些控制系统包括工业实时控制系统、伺服控制系统、各类电子装置的控制系统，甚至军事设施的控制系统或航空航天设施的控制系统等。尤其是工业计算机控制技术，在采用了冗余技术和软硬件自诊断技术等措施后，其可靠性大大提高，工业生产自动控制已进入计算机时代。

进入21世纪后，计算机控制技术正朝着微型化、智能化、网络化和规范化方向发展。

微型化是指嵌入式计算机已渗透到控制前端和底层，如各种传感器、执行器、过程通道、交互设备、通信设备等，而由微电子机械系统（Micro Elector Mechanical System，MEMS）所构成的微型智能传感器、执行器和控制器将使控制技术进入新的领域。

智能化是指控制具有自适应、自学习、自诊断和自修复功能，控制质量进一步提高。

网络化是指控制系统的结构中心由信息加工单元转向系统的信息传输，使用高可靠、低成本、综合化的现场总线、以太网技术以及Internet技术，使控制系统的规模不断扩大，不仅能对整个工厂的生产过程进行控制，而且也可对跨地域的公共交通进行控制。

规范化是指控制系统的硬件和软件系统用一系列的标准来规范，设备的互换性、系统的互连性使得系统的集成更为灵活，如各种规模的编程控制器（PLC）、开放的组态软件和开发平台为构建各种控制系统带来了方便，极大地提高了系统的开发效率，降低了系统的维护成本。

1 电力拖动数字控制系统的基本组成及其特点

1.1 电力拖动数字控制系统的基本组成

图 1-1 为连续（模拟）电力拖动自动控制系统的组成情况。

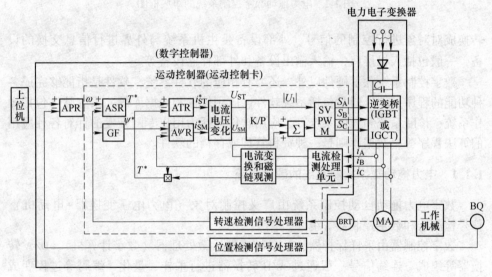

图 1-1 连续电力拖动自动控制系统的组成框图

由于连续电力拖动自动控制系统的组成，其物理意义明确、原理容易理解，因此，对于数字化电力拖动自动控制系统的设计，往往先按连续控制系统设计，然后再进行数字化设计，数字化设计后的电力拖动自动控制系统的基本构成如图 1-2 所示。

数字控制系统一般由基于计算机结构的数字处理系统、外围设备以及输入输出通道等构成，如图 1-2 所示，数字控制系统的硬件一般包括主机、输入输出通道以及外设等，主机是系统的核心，它包括 CPU、存储设备和总线等，主机通过运行软件程序向系统的各个部分发出各种命令，对被控对象进行检测与控制。输入输出通道是主机系统与对象之间进行信息交换的桥梁。输入通道把对象的被控参数转换成系统可以接受的数字信号，输出通道则把系统输出的控制指令和数据

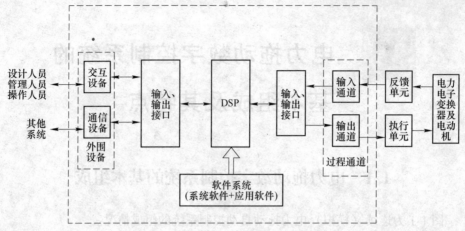

图 1-2 电力拖动数字控制系统的组成框图

转换成对对象进行控制的信号。外部设备是主机系统与外界进行信息交换的设备，一般包括人机接口，输入输出设备和外部存储设备等。

数字控制系统除了硬件以外，还要有相应的软件系统，软件是指能够完成各种功能的程序。软件通常包括系统软件、应用软件和数据库等。系统软件包括操作系统、诊断系统和开发系统等。应用软件包括为用户专门开发的针对各种应用的算法程序等，数据库则是一种资料管理或存档的软件。

1.1.1 电力拖动数字控制系统的硬件系统

数字电力拖动自动控制系统由广义控制对象（电力电子变换器+电动机）、信号检测器和数字控制器等组成。

数字控制器由采样保持器、A/D 转换器、微处理器（数字计算机）、D/A 转换器等组成。连续信号一般通过 A/D 转换器进行采样、量化、编码等过程变成时间上和大小上都是离散的数字信号 $e(kT)$，经过计算机的加工处理，给出数字控制信号 $u(kT)$，通过 D/A 转换器使数字量恢复成连续的控制量 $u(t)$，再去控制被控对象。其中，由微处理器、A/D 转换器、D/A 转换器等组成的部分称为数字控制器。数字控制器的控制规律是由编制的计算机程序来实现的。

1.1.1.1 微处理器

微处理器是数字系统的核心，机型的选择往往直接影响系统的控制功能和控制效果的实现。通常，适用于数字控制系统的微处理器种类很多，各种类型微处理器的性能和结构也千差万别。如何选择最佳的控制核心是专业工程技术人员所必须面对的问题，所以必须对各种微处理器有一个全面的了解。

A 单片机

单片微型计算机（Single Chip Microcomputer）简称为单片机。它是在一块芯片上集成了中央处理单元（CPU）、只读存储器（ROM）、随机存储器（RAM）、输入/输出（I/O）接口、可编程定时器/计数器等，有的甚至包含有 A/D 转换器。从美国仙童（Fairchild）公司 1974 年生产出第一块单片机（F8）开始，短短十几年的时间，单片机如雨后春笋般大量涌现出来，如 Intel、Motorola、Zilog、TI、NEC 等世界上几大计算机公司，纷纷推出自己的单片机系列。其特点：

（1）集成度高，功能强；

（2）结构合理，存储容量大，速度快；

（3）抗干扰能力强；

（4）指令丰富。

其性能指标主要有：

（1）CPU 指令集是否丰富。由指令助记符组成的汇编程序由编译程序转化为单片机可以识别的数据文件，由单片机顺序执行。汇编语言的指令一般可分为以下几类：算术运算、逻辑操作、数据传送、程序分支。

（2）速度是否快，即系统时钟频率大小及指令执行周期的长短。

（3）资源是否丰富，包括 RAM（SRAM、DRAM）、ROM（EPROM、PROM、E^2PROM）、I/O 接口、A/D 和 D/A 转换、中断等。ROM 用于存放程序和常数，RAM 用于存放变量和中间结果。

（4）功耗和体积。

以下介绍高性能单片机的品种和主要特点。

a　MCS-51 系列

MCS-51 系列单片机是 Intel 公司在其 MCS-48 系列单片机基础上推出的高性能 8 位单片机，如图 1-3 所示。

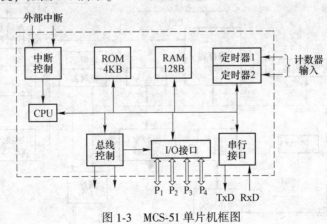

图 1-3　MCS-51 单片机框图

（1）基本型：8031、8051、8751、HMOS（高密度金属氧化物半导体）工艺，8031 片内无 ROM，8051 片内固化 4KB ROM，8751 片内有 4KB EPROM。

（2）派生型：8032、8052、8752，在基本型的基础上增加了 ROM 和 RAM 的容量、定时器和中断源数量。

（3）低功耗高速型：80C31、80C52、87C52，采用了 HCMOS（高密度互补金属氧化物半导体）工艺。

（4）高性能型：80C52、83C252、87C252，在派生型的基础上采用 CHMOS（混合互补金属氧化物半导体）工艺，集成了 HSI/HSO（高速输入/高速输出）、PWM 口。

主要特点：

（1）硬件功能：4~8KB 内部 ROM，128~256B RAM，外部寻址范围为 64KB，5 个中断源，2 个 16 位定时器/计数器，32 个 I/O 接口。

（2）软件功能：丰富的指令集，内部的位处理器，特别适于逻辑处理和控制。

（3）外部晶体振荡频率为 6~12MHz，指令周期为 1μs。

b　MCS-96 系列

MCS-96 系列（见图 1-4）是性能较高的单片机系列之一，适用于高速、高精度的工作控制，由 Intel 公司于 1983 年开发生产，其典型产品主要特点如下：

（1）16 位 CPU：改变了以往的累加器结构而采用寄存器-寄存器结构，CPU可直接对它们进行操作，消除了累加器造成的瓶颈效应，提高了操作速度和数据吞吐能力。

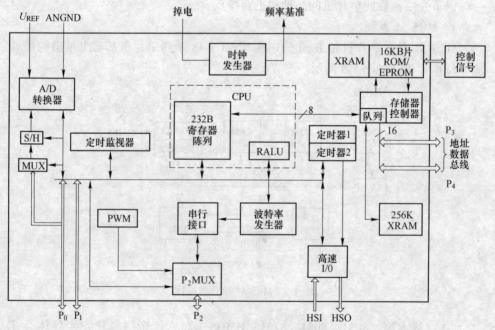

图 1-4　Intel MCS-96 单片机框图

（2）高效指令系统：有 32 位（双字）操作。

（3）内置 10 位 A-D 转换器，8 通道或 4 通道。

（4）脉宽调制（PWM）输出：可作为电机控制/驱动或 D-A 转换用。

（5）高速输入/输出（HSI/HSO）："高速"的含义是无需 CPU 干预而"自动"实现。

（6）可动态配置的总线。

（7）2 个 16 位的定时器/计数器。

（8）4 个软件定时器：受 HSO 控制，定时产生中断。

MCS-96 系列从其诞生到现在，已发展了多种型号的系列产品：

（1）普通型：8×96（无 A/D 转换型）、8×97（带 A/D 转换型）。

（2）增强型：8×96BH（无 A/D 转换型）、8×97BH（带 A/D 转换型）。

（3）高档型：8×196KB、8×196KC、8×196MC、8×196MH。

（4）准 16 位型：8×98、8×198。

c　英飞凌 XC166 系列单片机

英飞凌 XC166 系列单片机具有 5 级流水线结构指令周期为 25ms，具有灵活的外部总线接口和 16 级中断优先级系统：

（1）增强的位操作功能。

（2）支持高级语言和操作系统的附加指令。

（3）16MB 总得线性地址空间，用于代码和数据的存储。

（4）56 个中断源，16 个优先级的中断系统。

（5）8 通道经由周边事件控制器（PEC）用中断驱动的单周期数据传递。

（6）片内的存储器模块，包括：

1）3KB 的片内 RAM（IRAM）；

2）8KB 的片内扩展 RAM（XRAM）；

3）256KB 的片内可编程闪速（FLASH）存储器（可以达到每分钟 100 个编程/擦除周期）；

4）4KB 的片内数据存储 Flash/EEPROM（可以达到每分钟 100000 个编程/擦除周期）。

（7）片内周边功能模块，包括：

1）24 通道 10 位 A-D 转换器，可编程采样时间最低可为 7.8μs；

2）2 个 16 通道的捕获比较单元；

3）4 通道 PWM 单元；

4）2 个串行接口（同步/异步通道和高速同步通道）；

5）2 个 CAN（控制局域网）模块。

（8）最多 111 个一般的 I/O 口线。

（9）安装在片内的自举装载引导程序。

B　数字信号处理器（DSP）

DSP 是一种高速专用微处理器，运算功能强大，能实现高速输入和高速率传输数据。它专门处理以运算为主且不允许迟延的实时信号，可高效进行快速傅里叶变换运算。它包含灵活可变的 I/O 接口和片内 I/O 管理，高速并行数据处理算法的优化指令集。数字信号处理器的精度高、可靠性好，其先进的品质与性能可为电机控制提供高效可靠的平台。DSP 保持了微处理器自成系统的特点，又具有优于通用微处理器对数字信号处理的运算能力。DSP 为完成信号的实时处理，采用了改进的哈佛结构。程序和数据存储器相隔离，双独立总线，在确保运算速度的前提下，还提供程序总线和数据总线之间的总线数据交换器，以间接实现冯·诺依曼结构的一些功能，提高了系统的灵活性。DSP 中专门设置了乘法累加器结构，从硬件上实现了乘法器和累加器的并行工作，可在单指令周期内完成一次乘法，并将乘积进行求和的运算，这是 DSP 区别于其他通用微处理器的主要特征，也是实现实时数字信号处理的必要部件。

概括起来，DSP 芯片一般具有以下主要特点：

（1）在一个指令周期内，可完成一次乘法和一次加法。

（2）程序和数据空间分开，可以同时访问指令和数据。

（3）片内具有快速 RAM，通常可通过独立的数据总线同时访问两块不同区域。

（4）具有低开销或无开销循环及跳转的硬件支持。

（5）快速的中断处理和硬件 I/O 支持。

（6）具有在单周期内操作的多个硬件地址产生器。

（7）可以并行执行多个操作。

（8）支持流水线操作，使取指令、译码和执行等操作可以重叠执行。

由于具有以上特点，DSP 在交流电机数字控制领域得到了极为广泛的应用。其主要应用是实时快速地实现各种数字信号处理及控制、观测算法。

目前，DSP 芯片的主要供应商包括美国的德州仪器公司（TI）、AD 公司和 Motorola 公司等。其中 TI 公司的 DSP 芯片约占世界 DSP 芯片市场的 50%。

（1）TI 公司 DSP 芯片。TI 公司于 1983 年推出了 TMS320C10 芯片，现已发展出一系列产品。其特点为：极高的指令执行速度，大多数为单周期指令，特别适合于大量的加乘运算，指令周期可达 3.3ns。TI 公司还于 1997 年推出了 TMS320C24x 基于电机控制的 DSP 芯片，典型芯片为 TMS320F240 和 TMS320F2407。随后 TI 在 2003 年推出了全新一代 TMS320C28x 系列 DSP，CPU 提高到 32bit，运算速度可以达到 150MHz。2007 年又推出了 TMS320C2833x 系列 DSP，如图 1-5 所示，内核为浮点 CPU，时钟频率为 150MHz。TI 公司的 C2000

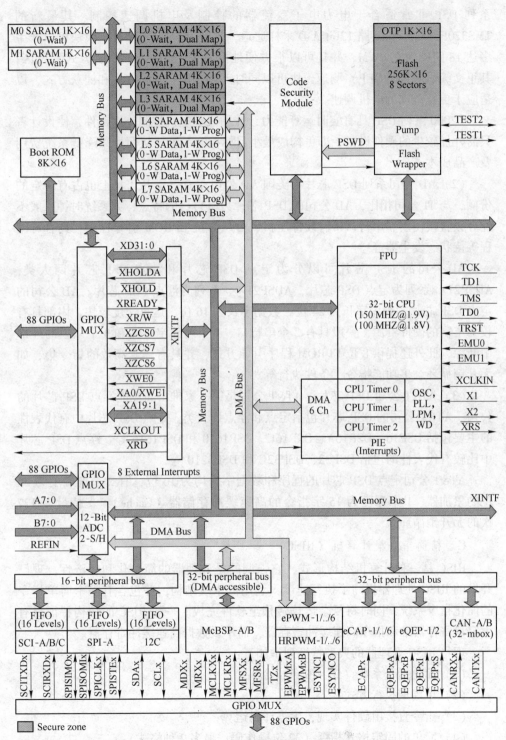

图 1-5　TMS320F28335 内部结构 FIFO——先进先出（单元）

系列 DSP 非常适合于电力电子变流器的控制及电机调速控制。其最新的 TMS320F28335 有 16 路 12bit A-D 采样通道，扩展 PWM（ePWM）模块可以产生多达 18 路的独立 PWM，并且可以很方便地配置 PWM 的波形产生方式和死区；其正交编码脉冲（QEP）测速模块可以同时工作在正交编码方式和捕获方式，以适应于更宽范围的电机调速。

C2000 系列 DSP 具有实时运算能力，并集成了电机控制外围部件，使设计者只需外加较少的硬件设备，即可构成最小目标控制系统，从而可以降低系统费用及产品成本。

（2）AD 公司系列 DSP 芯片。美国 AD 公司在 DSP 芯片市场上也占有一定的份额，与 TI 公司相比，AD 公司的 DSP 芯片另有自己的特点，如系统时钟一般不经分频直接使用、串行口带有硬件压扩、可从 8 位 EPROM 引导程序、具有可编程等待状态发生器等。

AD 公司的 DSP 芯片可以分为定点 DSP 芯片和浮点 DSP 芯片两大类，ADSP21××系列为定点 DSP 芯片，ADSP21×××系列为浮点 DSP 芯片。AD 公司的定点 DSP 芯片的程序字长为 24 位，数据字长为 16 位。运算速度较快，内部具有较为丰富的硬件资源，一般具有 2 个串行口、1 个内部定时器和 3 个以上的外部中断源，此外还提供 8 位 EPROM 程序引导方式，并具有一套高效的指令集，如无开销循环、多功能指令、条件执行等。

（3）AT&T 公司 DSP 芯片。AT&T 公司是第一家推出高性能浮点 DSP 芯片的公司。AT&T 公司的 DSP 芯片包括定点和浮点两大类。定点 DSP 芯片中有代表性的主要包括 DSP16、DSP16A、DSP16C、DSP1610 和 DSP1616 等。浮点 DSP 芯片中比较有代表性的包括 DSP32、DSP32C 和 DSP3210 等。

AT&T 公司定点 DSP 芯片的程序和数据字长均为 16 位，有 2 个准确度为 36 位的累加器、1 个深度为 15 字指令的高速缓冲存储器（Cache），支持最多 127 次的无开销循环。

C　精简指令集计算机（RISC）

RISC 是一种计算机结构形式，它强调的是处理器的简单化和经济性。现已开发的 RISC 处理器提高了执行速度，利用流水线结构，并包含有限个简单指令的简化指令系统，同时将复杂运算转移至软件完成。一般 RISC 的结构特征是有大容量寄存器堆和指令高速缓冲寄存器，而不设数据高速缓冲寄存器。

现将 RISC 处理器的典型特征列举如下：

（1）简化指令系统（50~70 条指令）；

（2）单周期执行方式；

（3）指令直接由硬件实现，无需译码运算；

（4）简单的固定格式指令（32 位操作码，最多 2 种格式）；

（5）简化寻址方式（最多 3 种）。

（6）寄存器-寄存器运算用于数据操作指令。

（7）存储器的存取用"写入—读出"操作。

（8）大量寄存器堆（超过 32 个寄存器）。

（9）简单有效的指令流水线，编译程序明晰可见。

D　并行处理器和并行 DSP

虽然并行计算概念的提出已有 20 多年了，但实际上由于近年来超大规模集成电路和处理器技术的发展，才使其成为现实，并使得多处理器的结构得以建成，即其中有数个处理器同时运行。多处理器结构要求具有高速通信能力的微处理器作为模块化组件。并行处理器（Transputer）是大约 10 年前由 INMOS 公司推出的，它是一种专为并行处理而设计的器件，具有片内存储器及通信链。TI 公司推出的 TMS320C6000 系列 DSP 片内有 8 个并行的处理单元。

根据数据处理算法的特点，多处理器结构可采取数种形式：线性数组、二维数组、超立方体等。有迹象表明，分散式存储器的多指令多数据（MIMD）结构适用于交流电机控制系统，因为控制功能可以分配至许多组件内并行运算。在此结构中，由于处理器间的通信通常很繁重，故处理器必须配备数个高速通信接口进行数据交换。

E　专用集成电路（ASIC）

专用集成电路（ASIC）为一总称术语，是指为某特殊用途而专门设计和构造的任何一种集成电路。随着超大规模集成（VLSI）电路技术的发展，ASIC 的概念已被引入到集成电路的研制阶段，允许用户参与设计，以满足其特殊需要。ASIC 的复杂程度可能差异很大，从简单的接口逻辑到完整的 DSP、RISC 处理器、神经网络或模糊逻辑控制器。ASIC 的设计方法以及 DSP 和 RISC 芯片的使用，将使从事电机控制的工程师有能力将整个系统集成在很少的几片 ASIC 上。

大规模集成工艺的发展已促成两个主要的 ASIC 技术，即 CMOS 和 BiCMOS（双极型 CMOS），其单元尺寸可达到 $0.5\mu m$。对 CMOS 技术，已可制造出带有 25 万个或更多门电路（一个门电路通常是指一个 NAND 门）的 ASIC；另一方面，BiCMOS 门阵列（含有双极型的和 CMOS 器件）则通过更复杂的处理过程和较低的集成密度，提供更高的执行速度。

（1）CMOS ASIC 是由标准单元和门阵列技术构成的。由于有标准单元，处理器芯片可与不同的存储器块和逻辑模块集成在一起，这就提供了极大的灵活性。另一方面，利用 CMOS 门阵列（门电路标准电子组件），可设计出存储器块及逻辑功能块。数种 CMOS 门阵列可带有固定数量可利用的门、I/O 缓冲器和处理器芯片。一个 $0.8\mu m$ 的 CMOS ASIC 可包含 25 万个以内的门电路，用 $0.5\mu m$ 的 CMOS 工艺，可将 60 万个有用门集成在一个器件上。

（2）BiCMOS ASIC 利用门电路标准电子组件将 CMOS 晶体管和双极型晶体管组合在一起。BiCMOS 器件的工作频率相对较高（100MHz），这是因为双极型晶体管驱动能力的需要。然而其密度却偏低，例如，0.8μm 的 BiCMOS ASIC 仅能容纳 15 万个门。0.5μm 的 BiCMOS 工艺 ASIC，最多能容纳 30 万个有用门。

（3）混合信号 ASIC（在同一芯片上包含数字和模拟元器件，为复杂系统的集成化提供了更多的可能性。这种芯片级系统能实现模拟-数字复合设计，这在以前需要用模块来解决。模拟单元包括运算放大器、比较器、D/A 和 A/D 转换器、采样保持器、参考电压以及 RC 有源滤波器等。逻辑单元包括门电路、计数器、寄存器、微定序器、可编程逻辑阵列（PLA）、RAM 和 ROM。接口单元包括 8 位和 16 位并行 I/O 接口、同步串行接口和通用异步收发器（UART）。

（4）RISC 和 DSP 芯片，其集成度以兆计，已有数家芯片供应商可提供。利用 ASIC 的设计方法，可设计出专用的高级处理器。积木组件，如 DSP 芯片、RISC 芯片、存储器和逻辑模块均可由用户利用先进的计算机辅助设计（CAD）工具集成在一个单独芯片上。例如，TI 公司提供了 C1×、C2×、C3×和 C5×系列 DSP 机芯作为 AISC 芯片单元。每种芯片作为一库存单元，其中包括系统图符号、仿真机的定时仿真模型、芯片布置文件和一组试验特性。

F　现场可编程门阵列和可编程逻辑器件

现场可编程逻辑门阵列（FPGA）是一类特殊的 ASIC，它与掩膜可编程门阵列的区别是：最终用户可以在现场完成编程，而无需集成电路掩膜步骤。

FPGA 包含一逻辑块阵列，可按不同设计要求进行编程。流行的商用 FPGA 利用以下元器件作为基础的逻辑块：晶体管对、基本门电路（二输入与非门和异或门）、多路器、查找表以及宽扇入 AND-OR 结构等。

FPGA 编程在电气上借助可编程开关进行，可采用下列三种主要技术之一完成：

（1）静态 RAM 技术开关为一通断晶体管，由静态 RAM 的位状态进行编程控制。在静态 RAM 中，用写数据方法给基于 SRAM 的 FPGA 编程。

（2）反熔片技术反熔片（antifuse）是一种不可逆的、由高阻转变为低阻链接的两端器件，由一高电压电编程。

（3）浮动栅极控制开关为一浮动栅极晶体管，当向浮动栅极注入电荷时，晶体管关断。消除电荷的方法有两种：一是将浮动栅极由紫外线（UV）照射（EPROM 技术）；二是利用电压（EEPROM 技术）。

常用的 FPGA 的复杂程度相当于一个有 2 万个常规门的阵列，其典型的系统时钟速度为 40~60MHz。这种规模比掩膜编程门阵列小得多，但仍足以在单一芯片上实现相对复杂的功能。

FPGA 和掩膜编程的 ASIC 相比的主要优点是能快速转变，这就大大减少了设计风险，因为一个设计中的错误可以利用 FPGA 的编程加以修改。

可编程逻辑器件（PLD）是 AND 和 OR 逻辑门的非独立阵列，若选择性地安排门电路间的内部连接，则可实现特定的功能。近期的 PLD 还带有附加元件（输出逻辑宏单元、时钟、熔丝、三态输出缓冲器以及可编程输出反馈），这使它们更能适应数字的实施方案。最通用的 PLD 为 PAL（可编程阵列逻辑）和 GAL（生成阵列逻辑）。PLD 可利用烧断熔丝（在 PAL 中）方式编程，或用 EE-PROM 或 SRAM，它们具有重复编程的能力。

和 FPGA 相比，PLD 的主要优点是速度快和易于应用，且没有不能回收的工程费用。另外，PLD 的尺寸较 FPGA 小。流行的 PLD 其复杂程度等效于 8000 个门电路，速度可达 100MHz。

G ASIC 在电力拖动自动控制系统中的应用

利用 ASIC 方法，可在一个或数个芯片上设计自己的控制系统，采用如 DSP 或 RISC 芯片、存储器、模拟块和逻辑模块等组成专门的控制芯片。高集成水平的设计可使芯片数量减少，这就大大降低了制作费用，并改善了系统的可靠性。

ASIC 在交流电机控制系统中的缺点是一旦芯片构成后，对不同形式的电机传动缺乏变更或修改设计的灵活性。为改变设计，即使其中一个很小的细节，也必须返回到最初设计阶段。所以，ASIC 的高开发和制作费用只有在大规模生产中才能体现其合理性。

在小规模生产和样机试制阶段，FPGA 提供一个现实的变通方案，采用全门阵列设计，可以实现具有中等复杂程度约需 2 万个以下门电路的专用的运动控制功能。

芯片制造商现在提供的许多种 ASIC，可完成传动控制系统中的复杂功能，如坐标变换（abc/dq 变换）、脉宽调制、PID 控制、模糊控制、神经网络控制等。这种器件用于运动控制设计的优点是可以减少处理器的计算量，并提高采样速度。下面列举专为运动控制设计的商用 ASIC 实例。

（1）美国 Analog Devices（AD）公司的 AD2S100/AD2S110 交流矢量控制器，可完成 Clarke 和 Park 变换，它是通常实现交流电机磁场定向控制所必需的。Clarke 变换是将三相信号（abc 坐标）变换成相当的两相信号（αβ 坐标）。Park 变换是将合成矢量旋转到输入信号确定的当前位置（αβ 到 dq 坐标）。

（2）美国 Hewlett-Packard 公司的 HCTL-1000 为通用数字式运动控制集成电路。它可以对直流电机、直流无刷电机及步进电机提供位置和速度控制。HCTL-1000 可以执行由用户选择的四种控制算法中的一种：位置控制、比例速度控制、逐点移动的仿形控制和积分速度控制。

（3）美国 Signetics 公司的 HEF4752V 交流电机控制电路是一种 ASIC，设计用于在交流电机速度控制系统中控制三相脉宽调制逆变器。纯数字波形发生器用于三个相差互为 120°的信号的同步，其平均电压随时间而正弦变化，频率变化范围为 0~200Hz。

（4）美国 Neuralogix 公司的 NLX230 模糊控制器为全可组态模糊逻辑机，包含 8 选 1 输入选择器、16 个模糊器、一个最小比较器、一个最大比较器和一个规则存储器。最多 64 条规则可存储在片内 24bit 宽的规则存储器中。N LX230 每秒可执行 3000 万条规则。

（5）美国 Intel 公司的 80170X ETANN（可训练电模拟神经网络）可仿真 64 个神经元数据处理功能，其中每一个又受最多 128 个加权突触输入的影响。芯片具有 64 个模糊输入和输出。设置和读出突触权值的控制功能是数字式的。80170X 有能力进行每秒 20 亿次的乘法-累加运算。

各种以单片机为中央处理单元的工业控制机及单片机开发系统大都采用模块化的结构，通用性强，组合灵活。这些系统多由主机板和系统支持板组成。支持板得种类很多，如 A/D 和 D/A 转换板、打印机接口板、CRT 显示器接口板、并行通信板等，通常采用统一的标准总线，以方便功能板的组合。

通用微处理器的核心是具有算术和逻辑运算能力的处理单元，为使微处理器用于实时控制，需要附加有控制功能的外围设备，如 RAM、ROM、EPROM、I/O接口、A/D 和 D/A 转换器、定时器、脉宽调制器以及通信端口。此外，还需要一些其他外围设备共同完成控制任务。

1.1.1.2　总线系统

标准总线有并行总线和串行总线两大类。并行总线多用于模块与模块之间的连接以及距离较近的系统；串行总线则一般用于系统与系统之间的通信或距离比较远的系统中。还有一种位总线，专门用于分布式的控制系统。

（1）STD 总线。STD 总线是美国 Prolog 公司于 1978 年推出的面向工业自动控制系统的一种标准总线。STD 总线以底板为基础，具有 56 根导线，支持 8 位数据、16 位地址。STD 总线上的数据传输是同步的，最大速度 1MB/s。最近开发出的 STD32 总线支持 32 位数据和地址。

STD 总线的特点是，每根线都有其严格的定义，采用模块化小板结构。STD 总线结构简单、可靠性高、品种多，并有丰富的软件及良好的开发环境。

（2）工业 PC 总线。工业 PC 总线系统也称工控机，于 20 世纪 90 年代初进入国内，其总线和 PC/AT 完全兼容，但机箱设计更适合于工业应用，采用全钢加固型结构。内装多槽 PC/AT 兼容的无源母板，CPU 板最初采用 80286 微处理器作为核心，可选用 80287 协处理器进行浮点运算。62 芯总线的定义和 PC 完全兼容。随后也有以 386、486 为核心的升级换代产品问世。

IBM-PC 和兼容机采用 ISA（工业标准体系结构）总线，包括数种改型产品。数据在总线上同步传输，最大速度为 1MB/s。

8 位 ISA 总线（62 芯连接器）支持 16 位数据和 20 位地址。

16 位 ISA 总线（62 芯连接器+36 芯连接器）支持 16 位数据和 24 位地址。

EISA（扩展 ISA）总线（62 芯连接器+36 芯连接器）支持 32 位数据和地址。

（3）VME 总线。Versa 总线是摩托罗拉公司于 1979 年专为其 MC68000 微处理器而设计的一种计算机总线，而 VME（Versa Module Eurocard）总线首次发表于 1987 年，主要采用 Versabus 的电气标准及 Eurocard 的机械标准。

VME 总线是一种 32 位计算机总线，具有以下特点：

1）采用总线主控/目标结构。

2）异步、非复用传输模式。

3）支持 16 位、24 位、32 位寻址及 8 位、16 位、24 位、32 位数据传送。

4）支持跨界数据传送。

5）传输速率最大为 40Mbit/s。

6）7 条中断请求线，菊花链优先及队列。

7）4 条总线请求线，菊花链优先级队列。

8）最多 21 个处理器。

9）总线错误及系统错误检测。

1.1.1.3 接口和外围设备

A 模拟输入、输出

由于 CPU 处理的是数字形式的数据，所以为了与功率系统接口，需要数据转换器。来自微处理器的数字信号由 D/A 转换器变换为模拟电压信号。将不同传感器（电压、电流、转矩、速度、位置、温度等）所提供的模拟信号转换成数字形式，是由数据转换器如 A/D 转换器和解算器-数字（R/D）转换器完成的。

a D/A 转换器

对功率系统来说，需要 D/A 转换器将来自控制算法的数字输出变为功率系统的模拟控制信号。图 1-6 为一个描述 D/A 转换器操作原理的功能图。对于控制系统来说，D/A 转换器最重要的特性是分辨率、精度、线性度和建立时间。完整的 D/A 转换器带数据锁定和控制逻辑，适合作为微处理器接口的单一功能块或混合功能块使用。

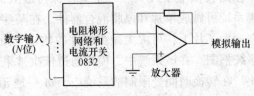

图 1-6 D/A 转换器框图

目前，微处理器芯片中几乎都没有配置 D/A 转换器，但是许多适用于电机数字控制的微处理器中，均有脉宽调制（PWM）器。在精度和实时性要求不高的控制中，可以利用 PWM 完成 D/A 转换。首先在微处理器内部将数字量换算为 PWM 的脉冲宽度，然后将输出的 PWM 信号滤波，即可得到相应的电压信号。图 1-7 为利用 PWM 进行 D/A 转换的原理框图。

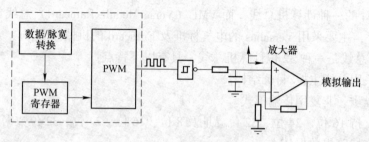

图 1-7 利用 PWM 进行 D/A 转换器

b A/D 转换器

A/D 转换器将不同传感器送来的模拟信号转换成为 CPU 可读的数字信号。A/D 转换器的分辨率和转换速度是应考虑的最重要特性。A/D 转换器的分辨率直接影响控制系统的精度，因为它决定着反馈信号的分辨率，特别是在高性能交流电机数字控制系统（如矢量控制）中，A/D 转换器的精度直接影响到控制性能的提高。A/D 转换速度决定对变化最快的动态变量（通常为电机电流）的容许采样间隔。

A/D 转换器有三种主要形式：

（1）积分式 A/D 转换器属相对慢速器件，故不宜用于实时控制系统。

（2）逐次逼近式 A/D 转换器属高速器件，适用于实时控制系统。转换时间取决于分辨率和内部时钟频率，典型转换时间，对于 12 位转换器为 $1\sim10\mu s$，例如 AD574、1674 等。

（3）快速 A/D 转换器为一种极高速器件，通常用于转换高频信号。其快速转换速度是靠利用大量比较器而达到的。一个典型的 8 位快速转换器的每秒转换速度可达到 250M 次采样。高分辨率快速转换器利用两级或更多级低分辨率快速转换器来达到。

如果有数个模拟信号必须访问和转换，则可采用一个模拟采集系统，其代表性的结构是包括一个多路转换电子开关、一个采样保持放大器和一个 A/D 转换器。完整的模拟采集系统可做成单片和厚膜混合器件。在某些微处理器中，整个模拟采集系统被装在一个芯片上，可大大减少器件的数量。图 1-8 所示为一典型模拟信号数据采集系统框图。在该系统中，模拟通道依次被采样和转换。总转换时间和通道数成正比。在转换时间受限制的系统中，每一通道可单独使用一个

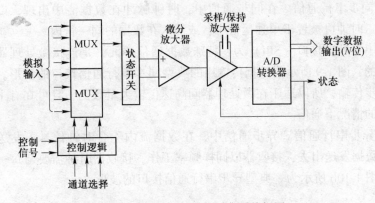

图 1-8 模拟信号数据采集系统框图

A/D 转换器，这样模拟信号可并行转换。

c 解算器-数字（R/D）转换器

解算器是一种耐振动的位置传感器，用于多种工业机器人系统中。R/D 转换器将解算器的输出信号（$\sin\theta$，$\cos\theta$）转换成微处理器可读的数字式位置信号。大多数 R/D 转换器工作基于闭环跟踪原理，其功能框图如图 1-9 所示。R/D 转换器的最重要特性是分辨率（用于表示角位置的位数）和最大的跟踪速度（用每秒转数表示）。

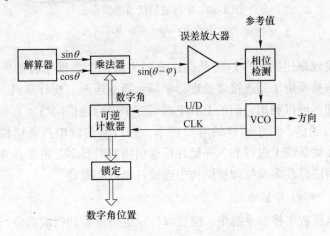

图 1-9 R/D 转换器的功能框图

B 通信接口

在微处理器与其他微处理器或外围设备间传送数据时，可用串行或并行方法实现，一般常用串行传输。串行传输有同步和异步两种，根据所要求的传输速度及数据量确定。

（1）同步串行通信。在同步通信中，时钟脉冲在数据流中出现，以使传输过程同步。时钟可被置于单独运行中，或插入在数据的同一行内。

同步串行外围接口（SPI）为一特殊数据通信单元，是连接微处理器和通信线所必需的，图1-9所示为数据传输用的典型同步串行通信接口的波形。因其效率高、同步传输，所以适于在微处理器间高速传输大量数据，且可在有干扰或者距离较远的情况下通信。

（2）异步串行通信。异步通信中，在数据流内不含时钟信号，发送器以编程频率将数据发送出去，接收器以同样频率工作。接收器时钟需要与每一个字符再同步。图1-10b所示为一典型异步串行通信接口的波形。

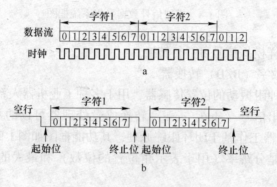

图1-10　串行通信接口的波形

a—同步方式；b—异步方式

异步传输效率比同步传输的低，这是因为每一个数据字符都要占一个控制位。异步通信典型用法是连接微处理器至显示器或连至上位计算机。同时，数个分散的微处理器可以利用它们的UART组成一个串行通信网络。

（3）并行通信。对于同样的时钟速率，并行通信较串行通信快，这是因为位传输同时在数条线上进行的，连接并行通信接口需要多芯电缆和连接器。并行通信的典型用法是在多微处理器结构中连接各个微处理器。

1.1.1.4　键盘与显示

在交流电机数字控制系统中，键盘与显示也是重要的组成部分。利用键盘显示模块不仅可以对变频器进行设定操作，如电机的运行频率、电机的运转方向、V/F控制、加速时间、减速时间、电源电压等，还可以对系统工作状态进行显示和记录，如电机的电流、电压，变频器的输出频率、转速等，在系统发生故障时显示故障的种类、故障时的运行状态等，便于分析故障的原因。

一种方案是由键盘显示模块和控制系统的微处理器通过串行通信接口进行连接，或者设计成为远程操作器。远程操作器是一个独立的操作单元，它的键盘与显示功能较强。利用计算机的串行通信功能可以完成更多操作功能。在进行系统调试时，利用远程操作器可以对各种参数进行调整，如电机的参数、最高运行频率等，这些参数在运行时是无须调整的。这种方案的具体实现参见第3章所述。

另一种方案是采用8279集成控制芯片完成键盘和显示的控制。

8279是一种设计用于Intel微机的通用可编程键盘显示I/O接口器件，能够做到同时执行键盘和显示操作而又不会加重CPU的负担。键盘部分提供了一个能够对64个接触键阵列扫描的接口，也能与一组传感器或者一个被选通的有接口键盘链接。芯片提供了键盘封锁、按键翻转以及按键输入消抖的功能。

键盘输入被选通送入8bit的先进先出（FIFO）队列。芯片和CPU之间设置了按键中断输出线，从而完成CPU对键盘输入的响应。

显示部分能够对LED等各种显示技术提供扫描机制的显示接口，也可以像简单的显示器一样显示数字和字母。8279配有16×8（可以用来构成双16×4）的显示RAM，此RAM可以由CPU载入和查询。

1.1.1.5 中断控制器

在电力与拖动自动控制系统中，与实践相关的任务需要和内部或外界事件同步，为此可以利用微处理器的中断控制。为响应一个中断请求，CPU暂时停止执行现行程序而跳转至服务子程序中，当服务子程序结束时，CPU返回到被暂停的程序中。CPU的中断过程如图1-11所示。中断可以由内部异常条件（溢出、软件中断等）或由外围器件（计时器、I/O器件等）触发。收到有效中断时，CPU将结束现行指令，并进入中断程序。这

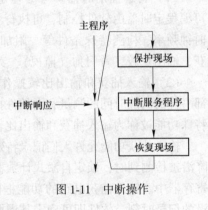

图 1-11　中断操作

一程序通常包括下列操作：

（1）确认中断源。

（2）保存程序计数器和CPU栈内寄存器的数据入堆栈。

（3）跳转至中断指定的服务子程序。

在中断服务子程序结束后，CPU执行一个中断"返回"指令，并由堆栈恢复程序计数器和CPU其他寄存器的数据。然后CPU重新回到其原来离开的程序。

中断系统的一个重要参数是等待时间，它定义为接受中断请求到开始执行服务子程序的延迟时间。一个有效的中断管理系统必须能够提供最小等待时间，从而使控制性能达到最优。中断的确认和调用可由软件完成，或用中断控制器完成。两种通用的方法是查询系统和中断矢量系统。在查询系统中，CPU用查询方法确认中断源，故响应时间是可变和无法预知的。在中断矢量系统中，中断器件

用其特殊标志位或其本身的中断请求（IRQ）线请 CPU 确认，程序直接转移到已认定的中断相关服务子程序中。在该系统中，响应时间是固定的，这个特点符合实时控制的需要。

在许多系统中，都要求对中断分配优先权。一般 DSP 都在 CPU 内部有优先权分配或仲裁单元，优先权分配方案可以是静态的（固定优先权）或动态的（程序执行程序中优先权可以改变）。中断在交流电机控制系统中起着重要的作用，因为在这种系统中，中断通常用来安排实时控制任务。控制系统所需的具有不同采样时间的周期性中断信号通常由程序定时器产生。

1.1.1.6　定时处理单元

定时处理单元常用于交流电动机控制系统中。这种系统需要多种与时间有关的功能，诸如延迟时间、事件计数、周期和频率测量、功率变流器驱动信号产生（脉宽调制）、实时中断和看门狗等功能。定时处理单元的典型结构是将它设置在可编程定时器周围。

（1）可编程定时器。可编程定时器通常由带逻辑控制电路的定时器构成。可编程定时器由软件控制，可执行各种操作，如取数、读内容、改变计数、改变时钟频率、检测特殊条件等。附加逻辑电路通常用于执行复杂功能，如输入捕获、输出比较、看门狗（监视）、实时中断等。

（2）输入捕获和输出比较操作。定时处理单元的两个重要操作是：两个外部事件的间隔时间的测量和由软件控制的准确延时的产生。这两个操作所要求的特殊功能被称为输入捕获和输出比较。

输入捕获功能允许人们记录特殊外界事件发生的时刻。当输入的上升沿或下降沿被检测到时，锁定自激式计数器即可实现此功能，事件发生时刻即被保存在寄存器中。输入捕获电路的功能框图及波形如图 1-12 所示。根据输入信号相邻沿的记录时刻，软件即可确定其周期和脉宽。

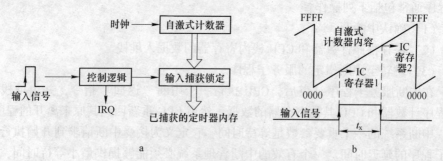

图 1-12　输入捕获功能示意图
a—功能框图；b—波形

输出比较功能用于给发生在特定时刻的动作编程，该特定时刻是指计数器的内容达到寄存器中储存值的时刻。输出比较电路的功能框图及波形如图1-13所示。输出比较功能可用于产生一个脉冲或有一定持续时间的脉冲序列，或者产生一个准确的延迟时间。通过依次控制储存于输出比较寄存器内的数值，软件即可产生脉宽调制信号，用以驱动电气传动系统的直流斩波器或PWM逆变器。

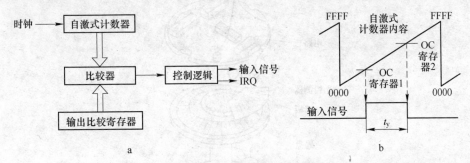

图1-13 输出比较功能示意图

a—功能框图；b—波形

1.1.2 信号检测器

在数字电力拖动自动控制系统中需要测量的物理量有位置、速度（转速）、电流和电压等，本节将对这些物理量的现代检测技术进行介绍。

1.1.2.1 位置检测

位置的检测是现代电力拖动自动控制系统中的基本组成部分，位置的检测可以分为直接测量和间接测量两种，对于直线坐标上的位置量，可以采用直接测量直线位移的传感器（如直线编码器和直线同步感应器）进行测量；对于旋转坐标上的角度量，可以采用角度的传感器来进行测量，这些都属于直接测量的范畴。

但是在实际的系统中，直线位移大都从旋转运动转换来的。所以直线位移的测量也可以使用角度传感器来进行，这种测量方法称为间接测量。直接测量方法避免了间接测量方法中传动机构的间隙、滞环所导致的误差，因而具有测量精度高的优点。

本节主要介绍光电编码位置检测器，其他各种位置检测器请参阅专门资料。

所谓编码器就是将某种物理量转换为具有某种固定格式的数字信号的装置，在拖动控制系统中，编码器的作用是将位置和角度等测量参数转换为数字量。编码器具有很多形式、包含电接触式、磁效应式、电容效应式和光电转换式等，其中应用最为普遍的是光电编码器。

光电编码器（简称光电码盘）根据其用途不同可以分为旋转光电编码器，为了叙述方便，简称为光电编码器。图1-14是透射式旋转光电编码器的结构图，其中的关键部件是码盘（Code Wheel），码盘根据用途和成本的不同，可以由金属、玻璃和聚合物等材料制作，其作用是在作用过程中产生代表位置的数字化光信号。

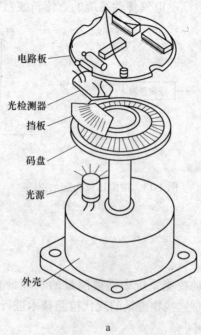

电路板

光检测器

挡板

码盘

光源

外壳

a

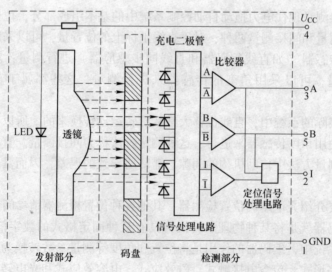

b

图 1-14 光电编码器的结构示意图

a—实物；b—结构

在码盘上按照一定的编码规则刻制了遮光部分和透光部分，码盘的一边是发光二极管或白炽灯光源，另一边是接受光线的光电器件。码盘随着被测轴一起转动，使透过码盘的光束产生间断，再通过光电器件和电子线路的处理，产生特定的光电信号，最后经过数字计算处理就可以计算出位置和速度信息。除了透射式光电编码器以外，还有其他形式的光电编码器，例如反射式光电编码器。

A 增量式光电编码器

增量式光电编码器的结构如图 1-15 所示，在高分辨码盘上，透光和遮光部分的尺寸都很细，因此也被称为圆光栅。相邻窄缝之间的夹角称为栅距角，透光窄缝和遮光窄缝部分大约各占栅距角的 1/2。

码盘的分辨率以旋转一周在光电检测部分可以产生的脉冲数表示，称为每转计数（Counts Per Revolution，CPR）。在码盘上往往还安排有一组特殊的窄缝，用于产生定位（Index）或零（Zero）信号，测量时可以利用这个信号产生回零或复位操作。

如果不加光学聚焦或放大装置，让光电器件直接面对这些光栅线，那么由于光电器件的几何尺寸远远大于这些光栅线，在这种情况下，即使码盘动作，由于光电器件的受光面积上得到的是受光部分和遮光部分的平均亮度，导致通过光电器件得到的电信号不会有明显的变化，从而不能得到正确的脉冲波形。为了解决这个问题，在光路中增加了一个固定的挡板（Mask），其几何尺寸和光电器件的几何尺寸相近，挡板上安排有若干条与码盘光栅相同的窄缝，当码盘运动时，码盘光栅与挡板的覆盖面积就会发生变化，导致光电器件上的受光量产生明显的变化，从而可以很好地检测出码盘的位置变化，如图 1-15 所示。

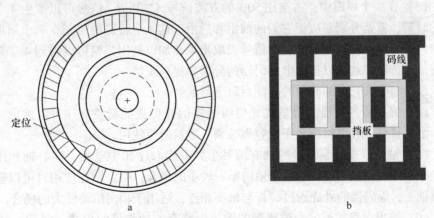

a   b

图 1-15 增量式光电编码器结构图

从原理上分析，光电器件输出的电信号应该是三角波，但是由于运动部分和静止部分之间存在着间隙，从而导致光线发生衍射现象，同时由于光电器件的特性，使输出的电信号波形近似于正弦波，而且其幅值与码盘的分辨率无关。

在图 1-14 所示的光电编码器的结构中，安排了 6 组挡板-光电器件组合，其中两组用于产生定位（Index）信号 I；其他 4 组用于产生正弦波信号，由于位置上的特殊安排，使得这 4 组正弦波信号在相位上依次相差 90°，分别记为 A、B、$\overline{A}$、$\overline{B}$，如图 1-16 所示。

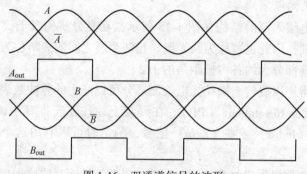

图 1-16   双通道信号的波形

把相位差为 180°的 A 和 $\overline{A}$ 信号送入到一个比较器的输入端，则在比较器的输出端得到一个占空比为 50% 的方波信号 A_{out} 和 B_{out} 具有以下特点：

（1）2 个方波信号的占空比均为 50%。

（2）如果在一个方向上旋转时 A_{out} 信号领先于 B_{out} 信号 90°，那么在相反的方向上旋转，则 B_{out} 信号领先于 B_{out} 信号 90°，这样就可以根据两个信号的相位来判断码盘的旋转方向。

（3）在一个周期中，占空比 50% 的方波信号 A_{out} 和 B_{out} 信号可以产生 4 个特殊的时刻，就是分别对应于它们的前沿和后沿，这 4 个特殊的时刻在一个周期中是均匀分布的，将这些前、后沿信号提取出来并加以利用，就可以得到 4 倍频的脉冲信号，这样就可以把光电编码器的分辨率提高 4 倍。

选择增量式光电编码器时要注意以下问题：

（4）光栅板的材质。增量式光电编码器的光栅板的材质有三种：玻璃、塑料和金属材料。玻璃材质光栅板容易破裂，尽量避免使用。

（5）轴的形式。编码器的轴有两种形式：实心轴和中空轴。实心轴利用弹性连轴器和被测轴相连，适用于轴向窜动较小的场合；中空轴在使用时可以套在被测轴上，编码器的外壳通过拉杆与机座相连，适用于轴向窜动较大的场合。

（6）输出电路的形式。编码器的输出电路有 4 种常见的形式（见图 1-17），分别为电压输出（a）、OC 输出（b）、推挽输出（c）和长线输出（d）。前两种输出形式在输出 1 电平时，处于高阻状态，容易受到干扰，只能用于信号传输距离比较短的场合；而后两种输出形式两个电平都处于低阻状态，抗干扰性好，传输距离长。推挽输出电平电压高，可达到 15V 或 24V；长线输出电压小于 5V，但是它是电流输出，传输距离最长。

（7）输出信号的种类。增量式光电编码器的输出信号有两类：A、B、I 和 U、V、W。前者用于测量转速；后者输出的是三个相差 120° 的方波信号，用于无刷直流电动机调速系统或者大功率交-直-交电流源型负载换向逆变器供电的调速系统。

（8）每转脉冲数（CPR）。每转脉冲数 CPR 越大，编码器的分辨率越高，可测量的最低转速越低，但随着 CPR 的增大，编码器制造越困难，价格越贵。

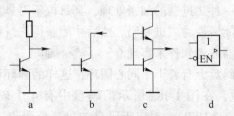

图 1-17   编码器输出电路形式

B   绝对式光电编码器

增量式光电编码器的缺点是启用或者加电时要执行回零操作以确定位置参数的起点，即使是很短时间的停电也会造成位置信息的丢失，而绝对式光电编码器则没有这个缺点。

绝对式光电编码器可以直接将角位置信号转换成数字信号，即直接进行编码，其码盘如图 1-18 所示，将码盘沿圆周方向分成若干等分，然后对每一部分进行二进制编码或者循环编码，二进制编码的绝对编码器如图 1-18a 所示，循环编码的绝对编码器如图 1-18a 所示。

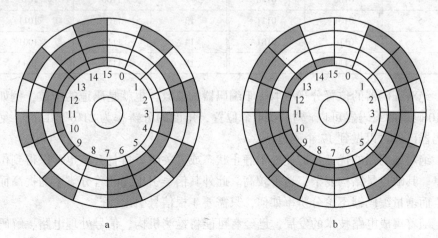

图 1-18   绝对式光电编码器的码盘

a—二进制码盘；b—循环码盘

二进制编码的优点是可以直接用于绝对位置的换算，但是这种编码器在实际中很少采用，其原因是，在使用这种编码器时，当码盘两个位置的边缘来回摆动时，由于码盘制作的误差或者光电器件排列的误差常常会导致编码数据的大幅跳动，从而导致位置显示和控制系统的失常，因此，在实际中经常采用循环编码的绝对编码器。

循环编码又称为格雷码，其特点是相邻两个数据之间只有一位数据的变化，因此在测量过程中不会产生数据大幅跳动，即产生通常所说的不确定或模糊现象。格雷码实质上是一种二进制的加密处理，其每位不再具有固定的权值，必须经过一个解码过程才能转换为二进制码，然后才能获得二进制信息。这个解码过程可以通过硬件解码器或者软件来实现。

在绝对编码器的码盘上有若干个同心圆环，这样的圆环称为码道，每个圆环对应着一个码的位数，在图 1-18a 所示的码盘中有 4 个码道，外层为最低位（LSB），里层为最高位（MSB）。对应于码盘的每一个码道，有一个光电检测元件，光电检测元件沿着径向成直线排列。当码盘处于不同的角度时，各光电检测元件受光情况不同，不同的透明（白色部分，代表 0）部分与不透明（黑色部分，代表 1）部分的排列组合即构成与角位移相对应的数码，如表 1-1 所示。

表 1-1　绝对编码器轴位置和数码对照表

轴位置	二进制	循环码	轴位置	二进制	循环码
0	0000	0000	8	1000	1100
1	0001	0001	9	1001	1101
2	0010	0011	10	1010	1111
3	0011	0010	11	1011	1110
4	0100	0110	12	1100	1010
5	0101	0111	13	1101	1011
6	0110	0101	14	1110	1001
7	0111	0100	15	1111	1000

绝对编码器的位置分辨率取决于编码器的位数，也就是码道的个数，例如一个 10 码道的编码器可以产生 1024 个位置，角度的分辨率为 21′6″。目前，绝对编码器已经可以做到 17 个码道。

绝对编码器的优点是即使处于静止状态或者关闭后再打开，也可以得到位置信息。其缺点是结构复杂，造价较高。此外其信号引出线随着分辨率的提高而增多，而增量编码器不论分辨率如何，只需要 4 根信号引出线。

随着集成电路技术的发展，已经有可能将检测机构、信号处理电路、解码电路乃至通信接口组合在一起，其输出信号线可以减少到数根。

1.1.2.2 速度（转速）测量

在控制系统中，测速发电机是一种应用比较广泛的速度测量传感器。测速发电机实质上是一种发电机，但是其应用不是以输出电动率为目的，而是用于转速的测量，它一般通过传动机构或直接与被测轴耦合，输出与转速呈正比的模拟电压信号。

使用测速发电机测速转速时，测量的转速信号具有良好的实时性，同时测速发电机的输出信号已经实现了和主电路的隔离，故在使用其输出信号时，不需要再对主电路进行隔离。需要指出的是，测速发电机作为一种传统的转速传感器，其应用越来越少。

因为速度是位置的微分，所以用测量得到的位置信号就可以得到相应的转速信号，例如当诸如光电编码器之类位置传感器的输出信号为脉冲串时，利用这些脉冲串信号，通过一定的数字信号处理环节就可以得到其转速信号。随着数字信号处理能力的不断发展，这种位置微分转速测量方法应用的日益广泛。

A 数字测速法

下面以光电编码器为例介绍几种典型的数字测速法，其中包括 M 测速法、T 测速法、M/T 测速法和锁相测速法。

a M 测速法

M 测速法的原理如图 1-19 所示，因为使用边沿信号可以保证测量时间的准确性，所以图中的脉冲信号为传感器输出信号经过处理后得到的边沿信号，如果编码器每转产生 N 个脉冲，同时在测量时间 T_1 内得到了 m_1 个脉冲，那么就可以推算出被测量的转速（r/min）

$$n = \frac{60m_1}{NT_1} \tag{1-1}$$

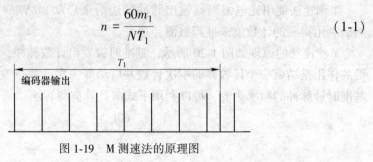

图 1-19 M 测速法的原理图

M 测速法的分辨率定义为可测量转速的最小间隔，显然 M 测速法的分辨率等于一脉冲计数所导致的转速误差（r/min）

$$R = \frac{60}{NT_1} \tag{1-2}$$

由上式可知，在传感器每转脉冲数 N 和测量时间 T_1 都保持不变的前提下，M 测速法的分辨率与转速无关。

在速度测量中，相对误差定义为

$$\delta = \frac{\Delta n}{n} \times 100\% \tag{1-3}$$

式中，Δn 为转速实际值和测量值之差。

在 M 测速法中，测速误差 Δn 取决于编码器的制造精度，以及编码器输出脉冲前沿和测速脉冲时间前沿不齐所造成的误差等，最多可以产生一个脉冲的误差，因此，M 测速法的相对误差最大值为

$$\delta_{\max} = \frac{\dfrac{60m_1}{NT_1} - \dfrac{60(m_1 - 1)}{NT_1}}{\dfrac{60m_1}{NT_1}} \times 100\% = \frac{1}{m_1} \times 100\% \tag{1-4}$$

因为 m_1 为在测量时间 T_1 内的脉冲数，所以被测转速越高，测量时间 T_1 内的脉冲数越多，m_1 越大，根据式（1-4）可知相对误差越小，反之，转速越低，相对误差越小，所以 M 测速法在原理上不适合应用于低转速的场合。

同时，M 测速法得到的速度实际上并不是瞬时转速，而是在测速时间 T_1 内的平均转速，因此，如果使用 M 测速法作为闭环系统中的速度反馈环节，则会造成反馈量得滞后（延迟）。在每转脉冲数 N 不变的情况下，为了提高转速的分辨率和降低相对误差，希望增加 T_1，但是从系统的控制性能考虑又希望减小 T_1，以增加反馈环节的实时性，这两方面是互相矛盾的，解决这个矛盾的唯一办法就是采用每转脉冲数 N 较大的传感器。

b　T 测速法

T 测速法使用光电编码器输出脉冲的边沿来启动和结束对时钟脉冲的计数，然后利用得到的计数值来推算被测转速。

T 测速法的原理如图 1-20 所示，基准时钟发出计数脉冲，传感器输出脉冲前沿的作用是结束一个计数器的本次计数并启动下一次计数。设本次计数值为 m_2，基准时钟脉冲的频率为 f_c，可以利用下式来计算被测转速

$$n = \frac{60f_c}{Nm_2} \tag{1-5}$$

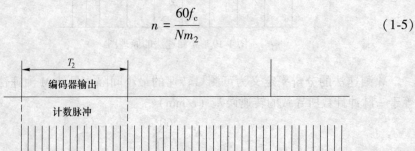

图 1-20　T 测速法的原理图

T 测速法的分辨率为一个基准时钟脉冲所导致的测速测量误差

$$R = \frac{60f_c}{Nm_2} - \frac{60f_c}{N(m_2 + 1)} = \frac{60f_c}{Nm_2(m_2 + 1)} \tag{1-6}$$

T 测速法时产生误差的原因和 M 测速法的原因相仿，m_2 最多可以产生一个脉冲的误差，因此 T 测速法相对误差的最大值为

$$\delta_{\max} = \frac{\dfrac{f_c}{N(m_2 - 1)} - \dfrac{f_c}{Nm_2}}{\dfrac{f_c}{Nm_2}} \times 100\% = \frac{1}{m_2 - 1} \times 100\% \tag{1-7}$$

从式（1-7）可知，在低速时，m_2 较大，相对误差较小，所以 T 测速法在低速时的分辨率优于在高速时的分辨率。需要注意的是，在 T 测速法中，传感器输出的脉冲周期就是检测时间 T_2，可见随着被测转速的提高，尽管相对精度下降，但是测量的实时性却提高了。

B M/T 测速法

把 M 测速法和 T 测速法结合起来，既检验在一个时间段内的旋转编码器输出的脉冲个数 m_1，又检验同一时间段内的高频时钟脉冲个数 m_2，用检验得到的 m_1、m_2 来计算转速，这种测速是 M/T 测速法，其测速原理如图 1-21 所示。设高频时钟脉冲的频率为 f_c，在检测时间内检测到的高频时钟脉冲的个数为 m_2，则准确的测速时间为 $T_1 = m_2/f_c$，根据 m_1、m_2 计算转速的公式为

$$n = \frac{60m_1}{NT_1} = \frac{60m_1 f_c}{Nm_2} \tag{1-8}$$

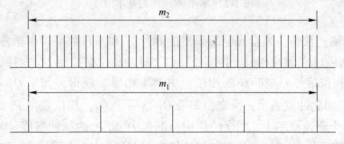

图 1-21 M/T 测速法原理

采用 M/T 测速法时，首先需要确定一个大概的时间段（例如 10ms），确定时间段的原则是，必须保证传感器输出的脉冲个数可以达到适当的数量。在计数时，还应该保证高频时钟脉冲计数器和旋转编码器输出脉冲计数器同时开启和关闭，只有当编码器输出脉冲前沿到达时，两个计数器才能同时开始或停止计数。

在满足以上同步开启和关闭的条件下，M/T 测速法的相对误差来源于 m_2 的

一个计数误差，所以其分辨率为

$$R = \frac{60m_1 f_c}{Nm_2} = \frac{60m_1 f_c}{N(m_2 + 1)} = \frac{60m_1 f_c}{Nm_2(m_2 + 1)} \tag{1-9}$$

从式（1-9）可知，在极低速时 $m_1 = 1$，则 M/T 测速法相当于 T 测速法，而在高速时，m_2/f_c 相当于 M 测速法中的 T_1，这时 M/T 测速法变换为 M 测速法，可见 M/T 测速法无论在高速和低速条件下都可以实现准确的测速，因此 M/T 测速法是目前应用最广泛的一种数字测速方法。

C　锁相测速法

最近出现了一种全新的锁相测速法，采用这种测速方法，无论被测轴处于高速运行还是处于低速运行，都可以获得一个 14 位的并行测速结果，同时具有测量周期短，测量精度高的优点。

在实际系统中，测度单元与控制系统的主 CPU 并行工作。锁相测速法的原理如图 1-22 所示。

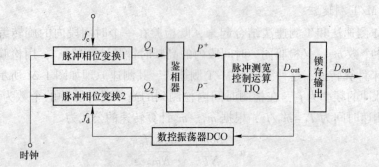

图 1-22　锁相测速法的基本原理

在锁相测速法中，来自光电编码器的脉冲 f_e 和来自数字控制振荡器 DCO 的脉冲 f_d 分别经过"脉冲相位变换器 1"和"脉冲相位变换器 2"变换成相位信号 Q_1 和 Q_2。相位信号 Q_1 和 Q_2 的相位差由"鉴相器"获得，如果 Q_1 超前于 Q_2，相位差由 P^+ 的脉冲宽表示，反之，如果 Q_1 落后于 Q_2，相位差由 P^- 的脉冲宽度表示。在整个测速框图中，TJQ 的作用是测量 P^+ 和 P^- 的脉冲宽度，并且在锁相环中充当调节器，使得锁相环能够迅速锁定。在锁定的情况下，Q_1 和 Q_2 的相位差或者为 0 或者为恒定，这时则有 $f_e = f_d$，由于 TJQ 单元的输出信号 D_{out} 和 DCO 单元输出信号的频率 f_d 成正比，所以将 D_{out} 锁存输出，就可以跟踪光电编码器的输出脉冲频率 f_e，从而实现对转速的测量。

1.1.2.3　电压、电流检测

电压、电流检测是调速系统中的重要组成部分，其检测精度直接决定着整个调速系统的性能。常见的电压、电流检测方法和传感器主要包括：取样电阻直接检测法、基于 Σ/Δ 变换的电压电流检测法、交流电压电流互感器和霍尔传感器（Hall Sensor）等。

由于现代电力电子器件在电工领域内的广泛应用，原有的电流、电压检测元件如普通互感器等已经不能用来检测高频、高 di/dt、具有谐波的电压电流。利用霍尔效应的电流、电压传感器模块是在近十几年来发展起来的新一代电量传感器，具有高精度、线性好、频带宽、响应快、过载能力强和不损坏被检测电路等诸多优点，被广泛应用于变频调速装置、逆变装置、UPS 电源、逆变电焊机等各个领域。

A 直接检测式霍尔传感器

霍尔效应是霍尔传感器的理论基础，所谓的霍尔效应是指，当一个电流为 I_c 的载流导体处于磁场中时，如果磁场方向与电流方向相互正交，则会在与电流和磁场都垂直的方向上产生电动势 U_H，这个电动势就被称为霍尔电动势，可以表达为

$$U_H = K_H I_c B \qquad (1\text{-}10)$$

直接检测式霍尔传感器的基本结构如图 1-23 所示，霍尔元件被放置在聚磁环的气隙磁场中，磁场强度为 B 的气隙磁场由一次绕组中的电流 I_p 产生，霍尔元件的一侧通入恒流直流电流 I_b，根据霍尔效应，在霍尔元件的上下两个端面上就会产生一个电压信号。电压信号 U_0、磁场强度 B、恒流直流电流 I_b 的关系为：$U_0 = B I_b$，由于恒流直流电流 I_b 为常数，所以有

$$U_0 \propto B \propto I_p \qquad (1\text{-}11)$$

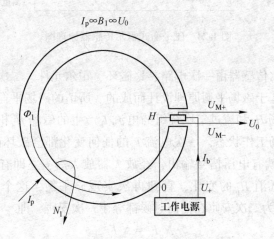

图 1-23 直接检测式霍尔传感器的基本结构

由霍尔元件直接输出的电压是毫伏级的，在直接检测式霍尔传感器中，需要

使用测量放大器把毫伏级的电压放大成伏级的输出电压。

目前，直接检测式霍尔传感器已经形成了系列产品，但是由于受霍尔元件线性度、聚磁环中 B 和 I_p 的线性度、恒流直流电流 I_b 的精度、测量放大器的精度等因素的影响，直接检测式霍尔传感器的检测精度不高，应用很少。

B 磁平衡式（或称磁补偿式）霍尔传感器

磁平衡式霍尔传感器克服了直接检测式霍尔传感器的缺点，在实际中得到了广泛的应用，它的工作原理如图 1-24 所示。

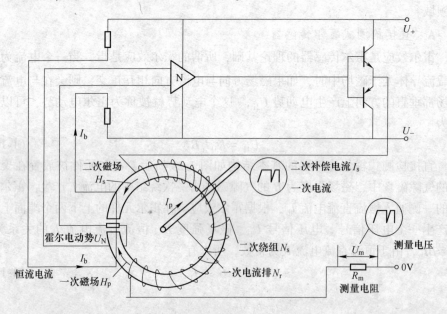

图 1-24 磁平衡式霍尔传感器原理图

磁平衡式霍尔传感器由一次电路、聚磁环、霍尔元件、二次绕组、放大电路等部分组成，是基于磁场平衡原理设计而成的。所谓的磁场平衡原理就是，一次电流 I_p 产生的磁场 H_p 和流过二次绕组的电流 I_s 产生的磁场 H_s 相抵消，使霍尔元件始终处于零磁场工作状态，一次电流 I_p 的任何变化都会破坏磁平衡，当 $H_p \neq H_s$ 时，霍尔元件就有电压信号输出，经放大器放大后，立即有相应的二次电流 I_s 流过二次绕组抵消 H_p 的变化，直到再次实现磁平衡，这个过程很快，小于 1μs，因此可以认为二次安匝在任何时候都等于一次安匝，即

$$N_p I_p = N_s I_s \tag{1-12}$$

式中，N_p 和 N_s 分别是一次和二次绕组匝数。

在二次绕组中串联一个电阻 R_m，则可以从该电阻两端获取正比于被测电流 I_p 的电压 U_m，得到

$$U_{\mathrm{m}} = \frac{N_{\mathrm{p}} R_{\mathrm{m}} I_{\mathrm{p}}}{N_{\mathrm{s}}} \qquad (1\text{-}13)$$

由于霍尔传感器只工作在磁场的一个工作点，并且放大器又工作在闭环状态，所以直接检测式霍尔传感器的几个缺点都被克服了，在使用磁平衡式霍尔传感器时，需要注意以下几个问题：

（1）测量电阻 R_{m} 不能太大，以免传感器中的放大器饱和，破坏磁平衡。

（2）测量电阻 R_{m} 需要选择高精度电阻，测量电阻误差虽然不会影响安匝关系，但能影响输出电压的检测精度。

（3）在一次绕组电流 I_{p} 不为 0 时，不能切断传感器电源，否则由于磁平衡被破坏，导致磁路被强磁化，留下永久剩磁，降低测量精度。

霍尔传感器可以实现主电路和控制电路的隔离，用霍尔传感器测量电压时，应该选择高匝数比（N_{p}多，I_{p}小）的霍尔传感器。在测量电压时，在一次绕组电路中，串入高阻值电阻，然后接到被测电压上即可，这种方法可以实现电压的高精确测量，现在已经出现了测量电压的霍尔传感器系列产品（LV 系列）。

霍尔电压电流传感器具有如下优点：

（1）动态特性好。普通交流互感器的动态响应时间为 $10 \sim 20\mu\mathrm{s}$，而霍尔传感器的动态响应时间一般小于 $1\mu\mathrm{s}$，跟踪速度 di/dt 高于 $50\mathrm{A}/\mu\mathrm{s}$。

（2）精度高。在工作温度范围内，一般的霍尔电流、电压传感器的精度优于 1%，线性度优于 0.1%，而普通的交流互感器精度一般在 3% ~ 5%。

（3）灵敏度高。在几百安培的直流分量上，使用霍尔传感器可以区分出数毫安的交流分量。

（4）工作频带宽。霍尔传感器可以工作在 $0 \sim 100\mathrm{kHz}$ 的频率范围内，而普通的交流互感器只能工作于工频条件下。

（5）过载能力强，测量范围大（$0 \sim \pm 6000\mathrm{A}$）。

（6）可靠性高，平均无故障工作时间大于 50000h。

（7）尺寸小，重量轻，易于安装，不会给系统带来任何破坏。

（8）可以测量任何波形的电压和电流信号，如直流、交流和脉冲波形等，也可以对瞬态参数进行测量。

（9）一次电路和二次电路之间完全隔离，绝缘电压一般为 $2 \sim 12\mathrm{kV}$，有特殊要求时可以达到 $20 \sim 50\mathrm{kV}$。

1.1.3 数字控制器的软件系统

各种数字控制系统的软件整体结构大致一样，主要由主循环和中断两个部分组成。

1.1.3.1　主循环程序

每 20ms 执行一次主程序中循环子程序组，它可完成所有的辅助功能，循环子程序组包括：

（1）检测 EEPROM，比较 RAM 区是否与 EEPROM 区相等。

（2）串口通信。

（3）键盘、显示。

（4）参数初始值刷新。

（5）电动机接口检测。

（6）故障信息检测。

（7）优化参数设定。

（8）功率部分 I^2t 监视。

（9）串行口 PKW（参数识别值）处理。

（10）双端口 RAMPKW 处理。

1.1.3.2　中断程序

这是控制程序的核心部分，主要用于执行控制功能中要求实时性更强的控制部分，例如：数字直流调速系统中，电枢回路中断控制程序的循环扫描时间，为电网周期的 1/6，励磁回路中断程序循环时间为电网周期的 1/2，其中 A/D 转换的首次起动是在电枢回路中断程序中完成的，以后每 0.2ms 循环一次。

1.1.4　系统开发和集成

一个微机系统设计制作出来以后，第一次就成功运行的可能性不大，为了能观察、控制程序的运行，通过调试来发现并改正硬件和软件中的错误，必须用微处理器在线仿真器这种开发工具来模拟用户实际的微处理器，随时观察运行的中间过程，而不改变运行中原有的结果，从而进行模拟现场的真实调试。

1.1.4.1　对开发系统的要求

微处理器在线仿真器必须具有以下基本功能：

（1）能输入和修改用户的应用程序。

（2）能对用户系统硬件进行检查与诊断。

（3）能将用户源程序编译成目标码并固化到 Flash 存储器中。

（4）能以单步、断点、连续方式运行用户程序，反映用户程序执行的中间结果。

对于一个完善的在线仿真系统，还要具备以下特点：

（1）不占用用户微处理器的任何资源，包括微处理器内部 RAM、寄存器、I/O 接口、串行接口、中断源等。

（2）提供足够的仿真 RAM 空间作为用户的程序存储器，并提供足够的 RAM 空间作为用户的数据存储器。

（3）有较齐全的软件开发工具，如交叉汇编软件、丰富的子程序库、高级语言编译系统、反汇编功能等。

以高档处理器（DSP、RISC 处理器、并行处理器）为基础的实时控制系统的开发需要带有高级别软件工具的复杂开发系统。同时，由于控制策略和控制算法和功能的复杂化，对开发系统功能的要求也不断提高，需要更加灵活、更加开放、更加透明并具有针对电机数字控制特点的开发平台来适应实际要求。

1.1.4.2 通用数字化开发平台

图 1-25 为基于 DSP 的数字化电机控制开发与试验平台。该平台的各项功能均针对电机控制及电力电子变流器控制的特点而设计，不仅具有强大图形化功能，而且能够在线观察和修改所有 DSP 中的控制变量（包括中间变量），具有极高的透明度和灵活性，为高性能控制系统的理论研究和系统设计提供了极大方便。该系统软硬件可适用于异步电机、同步电机、直流电机等多种电机控制系统的研究，也可以用于功率因数校正（PFC）、PWM 整流和变流技术的研究。由于该系统的软硬件均为模块化的集成方式，预留接口和软件资源丰富，因此使用非常灵活，可以在最短的时间内完成不同控制策略和不同控制对象的设计过程。该系统还附有丰富的电机控制系统软件包。该系统的软硬件配置如下：

（1）硬件。

1）功率变流器（三相整流滤波、IPM（智能功率模块）隔离驱动、开关电

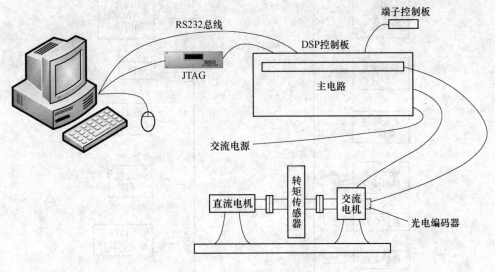

图 1-25 开发平台系统组成

源、电流及电压检测）。

2）DSP 控制板、端子控制板。

3）PC、RS232 总线。

4）DSP 的 JTAG 仿真器。

5）电机、光电编码盘、转矩传感器、负载系统。

（2）软件。

1）开发平台程序（PC 程序、DSP 汇编语言程序）。

2）DSP 汇编程序，包括函数库（正余弦函数、正切函数、坐标变换、空间电压矢量、电机控制例程；控制板初始化程序、DSP 控制板输入输出宏指令等）。

3）DSP 仿真器调试程序、DSP 汇编连接程序。

（3）逻辑框图及功能

图 1-26 为主控电路部分的 DSP 控制板逻辑框图，主控电路配有丰富的资源用于系统开发。此外，还设有多种保护功能：硬件输出过电流保护、IPM 故障保护、输入断相保护、主电路过热保护。

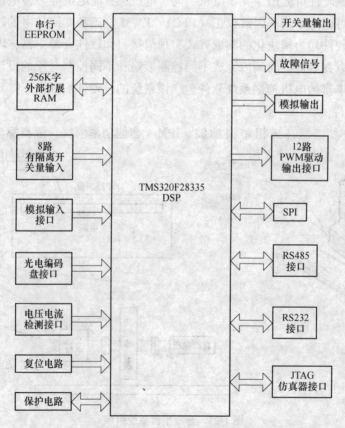

图 1-26　DSP 控制板逻辑框图

电机控制程序的一般结构是定时中断、均匀采样。该开发系统通过在计算周期中把需要观察的变量值以一定的存储格式存放在缓冲区中，然后在串行中断时发送给上位机进行处理和显示。DSP 汇编语言开发平台程序的功能是和上位机配合实现的，主要有以下功能：

（1）四种工作模式动态显示变量波形。PC 示波器可同时显示四通道波形，汇编程序中涉及的变量、传感器采样的数据都能够在四通道中动态显示。在示波器运行时可以随时选择输出的变量。显示模式有四种可以选择：

1）连续触发 X-T 模式：连续触发，即示波器程序接受一组数据，显示一组数据的波形，循环往复地显示接收到的数据。X-T 模式，即以时间为横轴，以四个变量的值为四条曲线的纵轴显示。连续触发 X-T 模式可以用来观察周期性曲线或变量的稳态值。

2）连续触发 X-Y 模式：在连续触发模式下，以第一通道变量值为 X 轴，以第二通道变量值为 Y 轴，显示两变量之间的关系，连续触发 X-Y 模式下可以观察电机中各种空间矢量的轨迹，也可以观察李萨茹图形。

3）单次触发 X-T 模式：单次触发即示波器一次接收较多的数据并显示出来。单次触发可以设定触发时刻，因此可以方便地捕捉到各种过渡过程，当触发时刻设为零，可观察起动过渡过程。

4）单次触发 X-Y 模式：即 X-Y 模式的单次触发方式。

（2）定标数据的数值还原显示。对于定点运算的 DSP，为了表示较大范围的变量，需要对变量进行定标处理。串行口传输过来的数据是定标之后的值，先除以定标值即可将数据还原显示出来。

（3）DSP 控制板内存变量的在线修改。通过 DSP 控制板内存变量的在线修改，可以实现电机控制调节器参数的调整、电机控制的各种给定量的在线设定、电机的运动控制等，以方便程序调试和实验研究的进行。

（4）屏幕数据读取。不仅能看到变量的波形，而且还能方便地读取需要点的实际数值。

（5）波形的统计功能。求取波形的平均值。这项功能为电流、电压传感器的定标提供了方便。

（6）保存及打开数据文件。可以把曲线保存为名为 *.dat 的文本文件，在专用绘制曲线的软件上可打开此文件，进行数据处理，或者打印成图形。若在单次触发模式下，要等整条曲线绘制完成后方可保存，保存的是显示在屏幕上的静态曲线。而在连续触发模式下，可随时保存曲线，保存的是将要绘制到屏幕上的曲线。

1.2　电力拖动数字控制系统的基本特点

1.2.1　电力拖动数字控制系统与电力拖动连续（模拟）控制系统的相同和不同

　　电力拖动数字自动控制系统与电力拖动连续控制系统有相同的控制理论、相同的控制任务和目标、相同的要达到的性能指标，但是二者有鲜明的不同之处。

　　电力拖动自动数字控制系统由控制对象、执行器、测量环节、数字控制器（包括采样保持器、A-D 转换器、数字计算机、D-A 转换器和保持器）等组成，如图 1-27 所示。连续信号一般通过 A-D 转换器进行采样、量化、编码变成时间上和大小都是离散的数字信号 $e(kT)$，经过计算机的加工处理，给出数字控制信号 $u(kT)$，然后通过 D/A 转换器使数字量恢复成连续的控制量 $u(t)$，再去控制被控对象。其中，由数字计算机、接口电路、A-D 转换器、D-A 转换器等组成的部分称为数字控制器，数字控制器的控制规律是由编制的计算机程序来实现的。

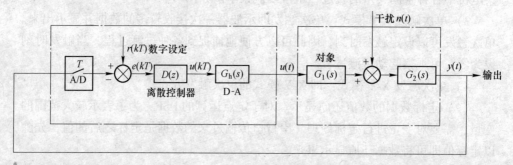

图 1-27　数字控制系统典型结构

　　数字控制系统作为离散时间系统，可以采用差分方程来描述，并使用 Z 变换法和离散状态空间法来分析和设计数字控制系统。数字控制系统设计方法通常有连续域离散化设计方法（或称模拟化设计方法）、离散域直接设计、离散状态空间设计法（如最少能量控制、离散二次型最优控制）、复杂控制系统的设计法（串级控制、前馈控制、纯滞后补偿设计以及多变量解耦控制）等。

1.2.2　离散和采样

　　在数字控制系统中，把原本是连续的任务间断成每隔一定时间（周期）执行一次，称为离散。每个周期开始时都先采集输入信号，这个周期称为采样周期。

　　连续变化的系统被离散后，每个周期只能在采样瞬间被测量和控制，其他时间不可控，这样必然给系统的控制精度和动态响应带来影响，合理选择采样周期是数字控制的关键之一。采样周期分为两类：固定周期采样和变周期采样。

采样周期 T 为固定值的均匀采样是固定周期采样。数字控制系统一般都采用固定周期采样。采样周期越长，处理器就能做更多的事，但对系统性能影响越大。采样周期的选择应该是在不给系统性能带来较大影响的前提下，选择尽可能长的时间。采样时间 T 与系统响应之间的关系受采样定理的约束。

香农采样定理：如果采样时间 T 小于系统最小时间常数的 1/2，那么系统经采样和保持后，可恢复系统的特性。

采样定理告诉我们，要使采样信号能够不失真地恢复为原来的连续信号，必须使采样频率 $f(f = 1/T)$ 大于系统频谱中最高频率的两倍。系统的动态性能可用开环对数幅频特性 $M = f(\omega)$ 来表征。由于控制对象存在惯性，频率越高，M 越小，$M \geq -3dB$ 或 $-6dB$ 所对应的频率范围通常称为频带宽，再高的频率对系统的影响可忽略。根据采样定理，采样频率应大于 2 倍最大频率，即

$$f \geq \omega_{max}/\pi \tag{1-14}$$

式中，ω_{max} 为 $M \geq -3dB$ 或 $-6dB$ 所对应的频率。

在系统设计时，实际 ω_{max} 不知，f 按预期的 ω_{max} 选取。

一个处理器要处理的任务很多，变化的快慢相差很大，如果按变化最快的变量来选取采样频率，将极大地浪费处理器的能力，所以通常为一个处理器规定几种采样周期，以适应变化快慢不同的任务，为实现方便，这些采样周期按 2^N 倍选取（$N = 0$，1，2，3…，正整数）。在图 1-28 中示出不同周期任务的工作情况，最基本的周期是 T_0，处理器每隔 T_0 接收一个启动信号，最快的任务选用 $T_2 = 2T_0$ 周期的任务；以此类推，在选用 T_1、T_2 周期的任务执行完后，再执行选用 $T_3 = 4T_0$ 周期的任务。为不耽误某些紧急任务（例如故障、警告等）的执行，处理器在接到中断信号后，马上中断正在进行的周期性任务，优先执行该中断任务。

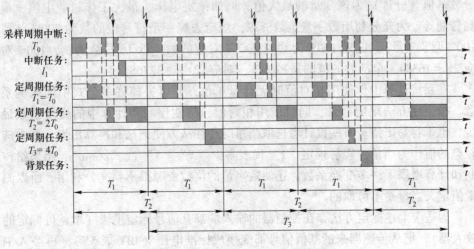

图 1-28　采样周期及任务执行顺序

电力变流器中的器件（晶闸管、IGBT 等）都工作在开关状态，只有开通和关断时刻是可控的，其他时间不可控；数字控制器也是断续工作的，如果它发出控制信号的时间不合适，恰好在器件已完成开关动作之后，器件对控制的响应将推迟一个周期，带来附加滞后。为避免附加滞后，希望采样周期与器件工作周期同步，且在软件设计时把控制安排在输出触发脉冲之前。

有些变换器的工作周期是变化的，例如常用的 6 脉波相控整流，稳态时工作周期固定为 300Hz，但在暂态，周期则是变化的，触发延迟角前移时，周期缩短，后移时，则加长。这样的系统若还采用固定周期采样，则无法实现同步，带来附加滞后，因此都改用变周期采样，用触发脉冲作为采样周期的启动信号，实现同步。

1.2.3　连续变量的量化

系统中，许多被控量都是连续变化的连续变量，例如电压、电流、转速等。在数字系统中，需要先将它们量化为不连续的数字量，然后才能进行计算和控制。连续量的量化也是数字控制与模拟控制的重要区别之一。量化时，两个相邻数之间的信息被失去，影响系统精度。如何合理量化，使失去的信息最少，对精度影响最小，是数字控制系统设计的又一个关键问题。

在选定处理器和存储器硬件后，二进制数字量的位数就确定了，现在一般为16 位或 32 位，以后可能会达 64 位。合理量化就是如何合理选择变量当量，即规定数字量"1"代表变量的什么值。当量的选取要考虑以下两个因素：

（1）使系统中所有变量都有相同的精度，都能充分利用数字量位数资源。

（2）尽量减少控制和计算中由当量选取带来的变换系数。

从上述原则出发，在通用的数字控制器中，当量都按百分数（%）规定，百分数基值（分母）为该变量的最大值，例如额定电压、最大工作过载电流、最高转速等。为充分利用数字量位数资源，规定去掉一个符号位的数为 200%（留100%调节裕量），这样 100%为"位数-2"对应的数。以 16 位数为例，100%对应 $2^{14} = 16384$，全部数的范围是±200%，对应±2^{15} = ±32768。

在系统计算中，使用相对值时无计量单位，并可去掉许多公式中的比例系数。按上述方法规定当量，同时使用相对值，将使控制和计算中的变换系数最少，也不容易出错。有些设计者选取当量时往往从方便记忆和换算出发，喜欢选较整的值作为当量，轻易规定"1"代表多少"V""A"或"r/min"，结果给控制和计算增添了许多变换系数，还使数字量的位数资源得不到充分利用，所以测量值定义当量是不可取的。

为适应上述标定方法，在控制器的输入端都有信号标定模块（增益可标定的放大器），把从传感器来的基值信号都变换成标准电压（10V 或 5V），再经 A/D

转换进入数字控制器，在控制器中，将不再出现带计量单位的量。

1.2.4　增量式编码器脉冲信号的量化

数字控制的电力拖动自动控制系统中，转速和角位置等量主要用增量式脉冲编码器或旋转变压器（Resolver）来测量。编码器适用范围广泛，在数字控制装置中，通常都设有编码器信号输入口，在装置中经硬件和软件将这些连续变化信号量化，本节介绍编码器信号的量化方法。旋转变压器的量化是由专门集成电路实现的。编码器信号接口不一定都接编码器，有时是其他信号，例如锁相信号等，也利用这个接口输入，它们的量化方法相同。

1.2.4.1　转速测量

编码器与电动机轴相连，每转一转，便发出一定数量的脉冲，数字控制系统通过计数器对脉冲的频率和周期进行测量，便可算出转速值。编码器的输出由 A、B 两组互差 $90°$ 的方波脉冲（见图 1-29），用以判别旋转方向；正转时，位置角 λ 增大，在脉冲 B 前沿出现时，$A=1$，转速值为正；反转时，位置角 λ 减小，在脉冲 B 前沿出现时，$A=0$，转速为负。把一组脉冲前后沿微分，再通过或门合成，可获得 2 倍频脉冲，把 2 组都微分再经或门综合得 4 倍频，如图 1-30 所示。每转脉冲数越多，测量精度越高，编码器制造越麻烦，因此在控制器的编码器输入端通常都接有倍频电路，以减少每路脉冲数以获取较高的频率，倍频倍数为1、2 或 4 任选。

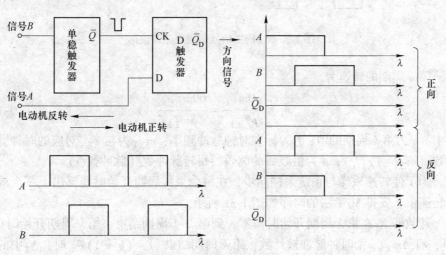

图 1-29　编码器信号及转向判别

用编码器脉冲信号计算转速有三种方法：测频法（M 法）、测周期法（T法）、测频率和周期法（M/T 法）。M 法通过用计数器计数一个采样周期中的编码器脉冲个数来计算转速值，低速时，一个采样周期中的编码器脉冲个数少，精度差。T法通过用计数器计数两个编码器脉冲之间的标准时钟脉冲个数来计算转速值，高速时，两个编码器脉冲之间的标准时钟脉冲个数少，精度也差。单独使用上述两法中的任何一种方法都不能满足高精度要求，只有同时使用两种方法才能在整个转速范围内都获得高精度，这就是 M/T 法。M/T 法用两个计数器，一个计数器（N_1）计数一个采样周期 T 中的编码器脉冲个数 m_1，同时通过用另一个计数器（N_2）计数标准时钟脉冲个数的方法算出 m_1 个编码器脉冲持续时间 $T_d = m_1 T_p$（T_P 为编码器脉冲周期），然后用 T_d 代替采样周期 T 计算转速，从而获得高精度。

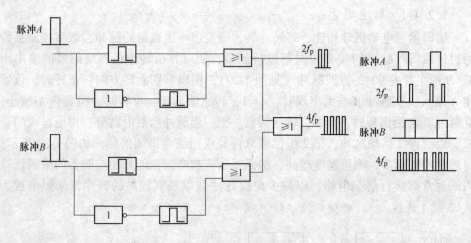

图 1-30   编码器信号倍频电路及波形

第 k 周期的转速为

$$n_k = \frac{60m_{1.k}}{pT_{d.k}} = \frac{60m_{1.k}f_c}{pm_{2.k}} \tag{1-15}$$

式中，k 为第 k 周期的值；f_c 为标准时钟脉冲频率；$m_{2.k}$ 为与 $T_{d.k}$ 对应的时钟脉冲个数（$m_{2.k} = T_{d.k}f_c$）；p 为倍频后的编码器每转脉冲数（脉冲数/r）。

为了使转速采样与系统采样同步，在每个采样周期开始时能算出上一个周期的转速值。安排 M/T 法的时序如图 1-31 所示。

计数器 N_1 在第 k 周期开始时清零，到第 $k-1$ 周期结束、第 k 周期开始时（$t = kt$），有 $\Delta m_{2.k-1}$ 个时钟脉冲被计数；第 k 周期结束［$t = (k+1)T$］时，N_2 中的数为 $\Delta m_{2.k}$，则

$$m_{2.k} = m_{2.T} + \Delta m_{2.k-1} - \Delta m_{2.k} \tag{1-16}$$

式中，$m_{2.T}$ 为采样周期 T 对应的时钟脉冲，$m_{2.T} = Tf$。

可以证明，只要 $m_{2.T} \geqslant 2^{15}$，则转速分辨率 $\Delta n\% \leqslant 1/2^{14}$（二进制 14 位分

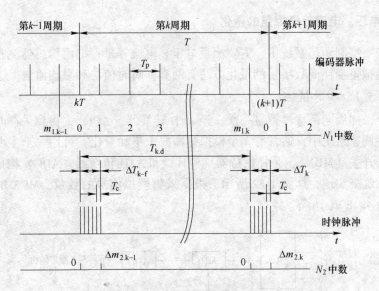

图 1-31　M/T 法时序

辨率）。

M/T 法存在最低转速限制，限制条件为：在一个采样周期 T 中，至少一个码盘脉冲（$m_1 \geqslant 1$），最低转速 $n_{\min}(\mathrm{r/min})$ 为

$$n_{\min} = \frac{60}{pT} = \frac{60}{xp_e T} \tag{1-17}$$

式中，x 为倍频数；p_e 为未倍频的编码器每转脉冲数（$p = xp_e$）。

若 $x = 4$、$p_e = 1000$、$T = 2\mathrm{ms}$，则 $n_{\min} = 7.5\mathrm{r/min}$；当 $n < n_{\min}$ 时，测量输出为 0。若想降低 $n_{\min}$，必须加大 p_e 或 T。

1.2.4.2　角位置测量

把 M/T 法中每个周期测得的 m_1 值累加起来，便得角位置信号

$$\lambda_k = \frac{2\pi}{p} \sum_{i=0}^{k} m_{1 \cdot i} \tag{1-18}$$

式中，λ_k 为第 k 周期末的位置角；$m_{1 \cdot i}$ 为第 i 周期的 m_1 的值。

有几个问题需要注意：

（1）λ_k 值应在 $-\pi \sim +\pi$ 之间，若按式（1-18）算出的值超出这个范围，就要加或减 2π。

（2）在开始计数前设置初始位置角 λ_0。

（3）为避免误差积累，每转一转，当编码器同步脉冲信号 Z 脉冲出现时，需将原算出的 λ 值清除，重新设置 λ_{syn} 值，再按式（1-18）累加。

1.2.5　电压、电流等模拟量的量化

在数字控制调速系统中，需要测量电压、电流等量。把由传感器测得的连续变化的模拟量变换成数字量的量化方法有两类：瞬时值法和平均值法。

1.2.5.1　瞬时值法

每个采样周期采样模拟量一次，经 A/D 转换器（ADC），得到采样时刻的数字量。在调速系统中，通常有多个模拟量需要采集和量化，可用一个主要由多路转换电子开关（MUX）、采样保持器（S/H）和 A/D 转换器（ADC）构成的模拟量采集系统来实现，如图 1-32 所示，根据采集模拟信号的数量，MUX 的输入通道数可为 4、8 或 16 等。

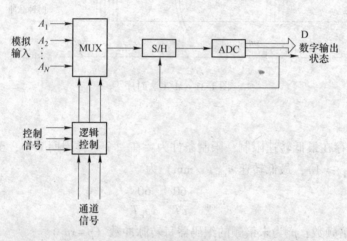

图 1-32　模拟采集系统

信号采集系统用 MUX 分时顺序采集这些模拟信号，经 S/H 保持得到离散信号，在经 ADC 量化成数字量。模拟信号的离散和量化过程如图 1-33 所示。整个采集系统可做在一个集成芯片上，某些控制用处理器芯片本身就带有这类采集系统，使用起来很方便。

瞬时值采样方法简单，但只适用于模拟量比较平滑的场合。如果模拟量信号中含有较大的纹波，所测瞬时值不能代表实际电压、电流大小；若信号采集前先用滤波器去波纹，将带来滞后，并导致交流量相移。

现有 A/D 转化器的位数已达 16 位、20 位或更高，但受走线、温度变化及环境电磁场的影响，通用工作数字控制器的 A/D 转换的精度一般只能做到 0.1% ~ 0.05%，即只有 10 位或 11 位二进制数字有效，后面几位都是噪声。尽管数字处理器的位数可能是 16 位或 32 位，它使得使用模拟量作为设定和反馈的数字控制系统的精度只有 0.1% ~ 0.05%。

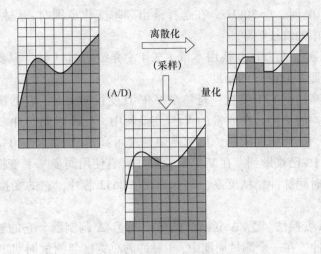

图 1-33 模拟信号的离散和量化过程

1.2.5.2 平均值法

A/D 转换器输出值为被测量值在一个采样周期 T 中的平均值。这类转换多用于采集含有较大波纹的模拟量，当采样周期与纹波周期一致时，误差最小，故这类转换器常与电力变流器同步工作。实现平均值采样的方法有三种：

（1）多次采样。用快速 A/D 转换在一个采样周期中多次采样和量化，在每个采样周期求一次平均值。若多次才采样和量化的操作由主 CPU 控制和完成，太占时间资源，通常用专门硬件或子处理器来实现。

（2）V/F/D 变换法。先用 V/F 变换，把模拟信号变换为频率与输入电压成比例的脉冲信号（V/F 变换），再通过用两个计数器的计数脉冲数和计数周期长度算出数字量（F/D 变换），它对应一个采样周期的平均值。V/F/D 变换的另一特点是易实现被测电路与处理器的隔离，因为脉冲信号已通过光耦合器或脉冲变压器隔离，如图 1-34 所示。

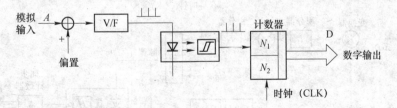

图 1-34 V/F/D 变换电路

为了能反映模拟信号 A 的极性，给 V/F 变换规定一个中心频率 f_0，在变换电路中加入偏置，使得 $A=0$ 时，$f=f_0$，例如规定 $f_0=60\text{kHz}$，则当 $A=+10\text{V}$ 时，$f=$

90kHz；$A=-10$V 时，$f=30$kHz。在选择输出频率变化范围时，应使最低输出频率远大于信号中的纹波频率。

V/F/D 变换中的 F/D 变换用本章 1.2.4 中介绍的 M/T 法，只要计数器的位数够，就能保证 F/D 变换的精度。

如何实现高精度 V/F 变换，是整个 V/F/D 变换的关键，它的精度主要取决于标准时间脉冲的精度。在通常的 V/F 变换器中，标准时间脉冲来自单稳态触发器，受电阻、电容精度限制，虽然电阻精度可高达 0.1%～0.01%；但电容精度低，要达到 1% 已难做到。在 V/F/D 变换中，宜使用同步 V/F 变换器，以时钟脉冲作为标准时间脉冲，精度高，例如采用 AD652 芯片，它的变换精度与电容无关。

（3）∑/Δ 变换法。∑/Δ 变换法的核心是 ∑/Δ 调制器。它的输出是一串 0 和 1 的方波脉冲，在一个测量周期中，1 脉冲的总宽度与测量周期 T 之比（平均占空比）和输入的模拟量成比例（见图 1-35），再用计数器计数一个周期中的 1 脉冲的总宽度，得到这个周期被测模拟量平均值的数字量。

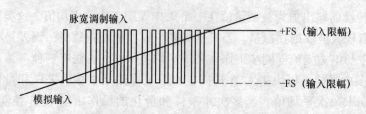

图 1-35　∑/Δ 调制器的输入和输出

∑/Δ 变换原理框图如图 1-36 所示。它主要由 ∑/Δ 调制器和同步计数器两部分组成。∑/Δ 调制器是一个由积分器 I_1 和 I_2、比较器及 1 位 D/A 转换器构成的闭环系统。

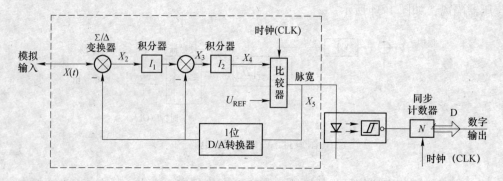

图 1-36　∑/Δ 变换器原理框图

1 位 D/A 转换器输出 X_6 的波形与 Σ/Δ 调制器输出 X_5 相同，是一串 0 和 1 方波，但 1 信号的幅值被限定为+5V。若某时刻 $X_6 = 0V < X(t)$（模拟输入），$X_2 > 0$，积分器 I_1 输出 X_3 增大，积分器 I_2 输出 X_4 增大，到 $X_3 > U_{REF}$ 及时钟脉冲（CLK）来时，比较器反转，输出 X_5 由 0 变 1，相应 X_6 也由 0V 变为+5V，导致 $X_2 < 0$ 和 $X_3 < 0$，X_4 减小，到 $X_4 < U_{REF}$ 及时钟脉冲（CLK）来时，比较器反转，输出 X_5 由 1 变 0，相应 X_6 也由+5V 变为 0V，如此反复循环，使输出 X_5 变成一串方波。如果测量周期 $T \gg$ 时钟脉冲周期 T_c，积分器 I_1 和 I_2 的输入 X_2 和 X_3 在一个测量周期 T 中的平均值应等于 0V，所以输出 X_5 和 X_6 的平均占空比与输入模拟量成比例。同步计数器按照时钟脉冲和信号 X_3 的状态工作，每当时钟脉冲来时，若 $X_5 = 1$，则计数器加 1，若 $X_5 = 0$，则不加，到周期结束时，计数器中的数代表了输入模拟量在该周期的平均值。信号 X_5 是方波脉冲信号，易通过光纤实现隔离。

1.2.6 量化误差和比例因子

1.2.6.1 量化误差

由于 A-D 采样中的量化过程，使得采样后的信号值 $x(kT)$ 只能以有限的字长近似地表示采样时刻的信号值，如用三位二进制数来表示 $(0.821)_{10}$，其中 $(0.111)_2 = (0.875)_{10}$ 最为接近，此时 $0.875 - 0.821 = 0.054$ 就是"量化误差"，定点二进制数中 b 位小数的最低位的值是 2^{-b}，b 为二进制小数所能表示的最小单位，称为"量化步长" $q = 2^{-b}$。下面介绍两种量化误差：

（1）截尾量化误差设正值信号 $x(kT)$ 的准确值为

$$x = \sum_{i=1}^{\infty} \beta_i 2^{-i}$$

如果截尾后的小数部分位数为 b，则

$$[x]_T = \sum_{i=1}^{b} \beta_i 2^{-i}$$

截尾量化误差定义为 $[e]_T = [x]_T - x$，则

$$0 \geqslant [e]_T = -\sum_{i=b+1}^{\infty} \beta_i 2^{-i} \geqslant -2^{-b} = -q$$

当 $x(kT)$ 为负数，且用补码表示时，也可以推出

$$0 \geqslant [e]_T = -\sum_{i=b+1}^{\infty} \beta_i 2^{-i} \geqslant -2^{-b} = -q \tag{1-19}$$

（2）舍入量化误差设 $x(kT)$ 的准确值仍为

$$x = \sum_{i=1}^{\infty} \beta_i 2^{-i}$$

作舍入处理后为

$$[x]_R = \sum_{i=1}^{b} \beta_i 2^{-i} + \beta_{b+2} 2^{-b}$$

其中，$\beta_{b+1} 2^{-b}$ 为舍入项，β_{b+1} 为 0 或 1。此时

$$[e]_R \doteq \beta_{b+1} \frac{q}{2} - \sum_{i=b+2}^{\infty} \beta_i 2^{-i} \tag{1-20}$$

当 $\beta_{b+1} = 1$ 而 $\beta_i (i = b + 2 \text{ 至 } \infty)$ 为 0 时，$[e]_R = q/2$ 为最大值，而当 $\beta_{b+1} = 0$ 而 $\beta_i (i = b + 2 \text{ 至 } \infty)$ 为 1 时，$[e]_R = -q/2$。所以 $-q/2 < [e]_R \leqslant q/2$。

而 $x(nT)$ 为负数且用补码表示时，同样可以推出 $-q/2 < [e]_R \leqslant q/2$。

由上述分析可见，舍入处理的误差要小于截尾处理的误差，其误差范围为 $-q/2 \sim q/2$，因此对信号进行量化处理时多采用舍入处理。

1.2.6.2 比例因子配置和溢出保护

控制算法在计算机实现之前，必须考虑量化效应的影响，首先是选择合理的结构形式，其次是配置比例因子，以使数字控制器的各个支路不产生溢出，而量化误差又足够小，即充分利用量化信号的线性动态范围。

配置比例因子时，需要知道各信号的最大值。闭环系统中各信号最大可能值得确定是可能的，它涉及控制信号与干扰作用的形式和大小，以及各信号之间的动态响应关系。信号之间的动态关系，在较复杂的系统中较难用计算的方法确定，比较合适的方法是用数字仿真。

比例因子配置的一般原则：

(1) 绝大多数情况下，各支路的动态信号不产生上溢。但在个别的最坏情况下，某支路信号可能溢出，可以采用限幅或溢出保护措施，因为这种情况是很少出现的。如果按最坏的情况考虑，则在大多数情况下，信号的电平偏低，分辨率降低，影响精度。

(2) 尽量减少各支路动态信号的下溢值，减少不灵敏区，提高分辨率。

以上两点在给定字长下是相互制约的。

(3) A/D 和 D/A 比例因子的选择比较单纯，只需使物理量的实际最大值对应于小于最大表示范围的数字量，而物理量的最小值所对应的数字量不小于转换器的一个量化值。在给定转换装置的字长下，有时也会出现两头不能兼顾的情况。此外，A/D 和 D/A 比例因子是有量纲的。

(4) 控制算法各支路的比例因子宜尽量采用 2 的正负乘幂，便于移位运算，以提高运算速度。数字信号的比例因子时无量纲的。

(5) 各环节、各支路配置比例因子 2^γ 后，应在相应的节点配置反比例因子 $2^{-\gamma}$，以使支路增益和传递特性不变。

(6) 比例因子的配置需要反复调整和协调。

下面举例说明比例因子的确定方法：

某物理量的测量范围为 $0\sim A_m$，对应于 8 位 A/D 的 $0\sim255$，则该物理量的比例因子为 $A_m/255\text{bit}$，即 A/D 转换得到的数字量 N_x 对应的实际值为（$A_m/255\text{bit}$）N_x。

1.2.7 数据处理和数字滤波

在微机控制系统中，需要大量的数据处理工作，以满足控制系统的不同需要，由于各方面数据来源不同，有的是从 A/D 转换而得到，有的则是直接输入的数据，因而其数值范围不同，精度要求也不一致，表示方法各有差别，需要对这些数据进行一定的预处理和加工，才能满足控制的要求。

1.2.7.1 数据的表示方法

在用微机进行数据处理的工程中，用什么方法来表示被操作数，是提高运算精度和速度的一个重要问题。当前微机运算广泛采用的两种基本表达方法有定点数和浮点数。

（1）定点数和定点运算定点数即小数占位置固定的数，可分为整数、纯小数和混合小数。其表示方法如下：

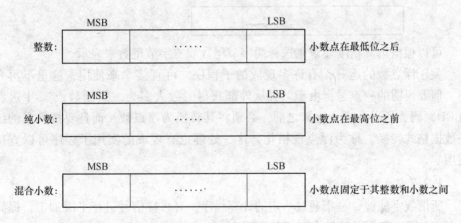

运算结果的小数点按如下规则确定：

在加减运算中，应遵循小数点对齐的原则，当两个操作数小数位相同，可直接运算，且小数位不变。当两个操作数的小数位不同，则需要通过移位的办法使小数位相同后进行运算。

在乘除运算中，若被乘（被除）数小数位为 M，乘数（除数）的小数位为 N，则结果的小数位为 $M+N(M-N)$。

（2）浮点数和浮点运算当程序中数值运算的工作量不大，并且参加运算的数相差不大，采用定点运算一般可以满足需要，但定点数运算有以下两个明显缺陷：

1）小数点的位置确定较为困难，需要一系列的繁杂处理。

2）当操作数的范围较大时，不仅需要大幅度增加字长，占用较多的存储单元，且程序处理也较为复杂。

为有效处理大范围的各种复杂运算，提出浮点数和浮点运算。所谓浮点数是指尾数固定，小数点位置随指数的变化而浮动，其数学表达式为 $\pm MC^E$。其中，M 为尾数，是纯小数；E 为阶码，是整数；C 为底，对于微机而言，$C=2$。其中，尾数 M 和阶码 E 均以补码表示，如 $0.2 \times 2^3 = 1.6$。

浮点数在存储单元中的一种表示方法如下：

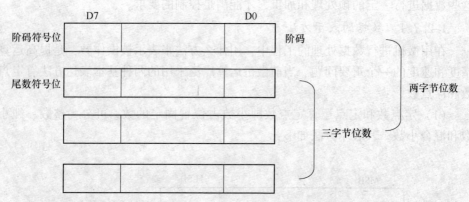

可以根据运算精度要求来选择两字节尾数或三字节尾数来表示。

关于浮点数的运算，有许多现成的子程序，可直接拿来使用，这里不再介绍。但要说明的一点是，由于微机从外部获得的数大多为二进制数或二-十进制（BCD）码，所以在进行运算之前，必须将其转换为浮点数，而且要按一点的统一数据格式转换，称为浮点规格化，这一处理也有现成的实用子程序可以直接使用。

1.2.7.2 数字滤波

所谓数字滤波，是指通过一定的计算程序，对采样信号进行平滑加工，提高其有用信号，抑制或消除各种干扰和噪声。

数字滤波与模拟 RC 滤波相比，具有无需增加硬件设备、可靠性高、不存在阻抗匹配问题、可以多通道复用、可以对很低的频率进行滤波、可以灵活方便地修改滤波器的参数等特点。数字滤波的方法有很多，可根据不同的需要进行选择。下面介绍几种常用的数字滤波方法。

（1）程序判断滤波是根据生产经验，确定两次采样信号可能出现的最大偏差，若超过此偏差值，则表明该输入信号是干扰信号，应该除去，否则作为有效信号。

当采样信号由于外界电路设备的电磁干扰或误检测以及传感器异常而引起的严重失真时，均可采用此方法。

程序判断滤波根据其处理方法的不同，可分为限幅滤波和限速滤波两种。

限幅滤波：即将两次相邻采样值的增量绝对值与允许的最大差值进行比较，当小于或等于时，则本次采样值有效，否则应除去而代之以上次采样值。该法适用于缓变量的检测，其效果好坏的关键在于门限值的选择。

限速滤波：限速滤波的方法可表述如下：

设顺序采样时刻 t_1、t_2、t_3 所采集的参数分别为 $Y(1)$、$Y(2)$、$Y(3)$，那么当 $|Y(2) - Y(1)| \leqslant \Delta Y$ 时，$Y(2)$ 输入计算机；

当 $|Y(2) - Y(1)| > \Delta Y$ 时，$Y(2)$ 不采用，但仍保留，继续采样取得 $Y(3)$；

当 $|Y(3) - Y(2)| \leqslant \Delta Y$ 时，$Y(3)$ 输入计算机；

当 $|Y(3) - Y(2)| > \Delta Y$ 时，则取 $[Y(2) + Y(3)]/2$ 输出计算机。

限速滤波是一种折中方法，既照顾了采样的实时性，又顾及了被测量变化的连续性。但 ΔY 的确定必须根据现场的情况不断更新，同时不能反映采样点数 $N>3$ 时各采样值受干扰的情况，因此其应用有一定的局限性。

（2）中值滤波。中值滤波是对某一参数连续采样 N 次（一般为奇数），然后依大小排序，取中间值作为本次采样值。

中值滤波对于去掉由于偶然因素引起的波动或采样器不稳定而造成的误差所引起的脉动干扰比较有效。若变量变化比较缓慢，采用中值滤波效果比较好，但对于快速变化过程的参数则不宜采用。

（3）算术平均值滤波算术平均值滤波是要寻找一个 $Y(k)$，使该值与各采样值之间误差的二次方和为最小，即

$$S = \min\left[\sum_{i=1}^{N} e^2(i)\right] = \min\left\{\sum_{i=1}^{N} [Y(u) - X(i)]^2\right\}$$

由一元函数求极值原理，得

$$\bar{Y}(k) = \frac{1}{N}\sum_{i=1}^{N} X(i) \tag{1-21}$$

式中，$\bar{Y}(k)$ 为第 k 次 N 个采样值的算术平均值；$X(i)$ 为第 i 次采样值；N 为采样次数。

该方法主要用于对压力、流量等周期脉动的采样值进行平滑加工，但对于脉冲性干扰的平滑作用尚不理想。

（4）加权平均滤波该方法是在算术平均值滤波的基础上，给各采样值赋予权重，即

$$\overline{Y}(k) = \sum_{i=0}^{N-1} C_i X_{N-i} \tag{1-22}$$

且有 $\sum_{i=0}^{N-i} C_i = 1$。

这种滤波方法可以根据需要突出信号的某一部分，抑制信号的另一部分。

（5）滑动平均值滤波算术平均值滤波和加权平均滤波都需要连续采样 N 个数据，然后求得算术平均值或加权平均值，需要时间较长。为了克服这个缺点，可采用滑动平均值滤波法。即先在 RAM 中建立一个数据缓冲区，依顺序存放 N 次采样数据，每采进一个新数据，就将最早采集的那个数据丢掉，然后求包括新数据在内的 N 个数据算术平均值或加权平均值。这样，每进行一次采样，就可计算出一个新的平均值，从而大大加快了数据处理的速度。

（6）RC 低通数字滤波前面讲的几种滤波方法基本上属于静态滤波，主要适用于变化过程比较快的参数，但对于慢速随机变量，采用短时间内连续求平均值的方法，其滤波效果往往不够理想。

为了提高滤波效果，可以仿照模拟 RC 滤波器的方法，如图 1-37 所示，用数字形式实现低通滤波。

模拟 RC 低通滤波器的传递函数为

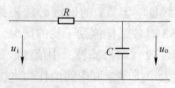

图 1-37　RC 低通滤波器

$$G(s) = \frac{Y(s)}{X(s)} = \frac{1}{\tau s + 1}$$

式中，τ 为 RC 滤波器的时间常数，$\tau = RC$。由上式可以看出，RC 低通滤波器实际上是一个一阶滞后的滤波系统。

将上式离散化，可得

$$Y(kT) = (1 - \alpha) Y(kT - T) + \alpha X(kT) \tag{1-23}$$

式中，$X(kT)$ 为第 k 次采样值；$Y(kT)$ 为第 k 次滤波结构输出值；α 为滤波平滑系数；$\alpha = 1 - e^{-T/\tau}$；T 为采样周期。当 $T/\tau \ll$ 时，$\alpha \approx T/\tau$。

式（2-10）即为模拟 RC 低通滤波器的数字实现，可以用程序实现。

类似地，可以得到高通数字滤波器的离散表达式

$$Y(kT) = \alpha X(kT) - (1 - \alpha) Y(kT - T) \tag{1-24}$$

（7）复合数字滤波为了进一步提高滤波效果，可以把两种或两种以上不同滤波功能的数字滤波器组合起来，组成复合数字滤波器（或称为多级数字滤波器）。

关于数字滤波器的编程，已有不少成熟的例子，读者可阅读相关参考文献。

2 电力拖动数字控制系统的理论基础

控制系统是由一定结构，并通过控制来实现特定功能的有机整体。为此有必要采用正确的方法来描述这个有机整体。建立系统的数学模型可以描述控制系统中各个物理量的变化规律，从而分析系统的特性，指导系统的设计。

控制系统的描述方法有很多种，不同性质的系统有不同的描述方法，同一个系统也可有不同的描述方法。经典控制理论适用于描述连续系统，而数字控制系统通常为离散系统，可用离散系统理论来描述。

输入输出描述方法是通过系统的输入与输出之间的关系来描述系统特性的，适用于简单系统的描述。状态空间描述方法是基于系统状态转换为核心，不仅适用于单变量输入单变量输出的系统，也能适用于多变量的场合，是现代控制系统的一个基本描述方法。

本章讨论描述离散控制系统数学模型的工具和描述方法，介绍数字 PID 控制和其他常用控制规律的数学模型。

2.1　数字控制系统的描述方法

经典控制理论是基于连续系统的，系统信息由连续信号来表示，信号可看做是以时间为自变量的函数。计算机控制系统通常为离散控制系统，计算机处理的信号通常为离散信号，离散信号是通过对连续信号采样而获得的，所以离散控制系统也称离散采样控制系统。无论是连续系统，还是离散系统，都可采用输入输出描述方法（通常称为激励响应法）和状态空间描述方法来描述系统。

2.1.1　激励响应法

激励响应法是基于系统的输入与输出之间的因果关系来描述系统特性的，适用于描述单变量输入和单变量输出的系统，或输入输出变量不多的简单系统。输入输出描述方法中，系统的输出不仅与当前的输入有关，还与过去的输入和输出有关。

对连续系统，设某系统的输入（或激励）为 $r(t)$，输出（或响应）为 $y(t)$，则系统为一种变换 $f[r(t)]$，即 $y(t)=f[r(t)]$，$r(t)$ 和 $y(t)$ 均为时间的函数，如图 2-1a 所示。

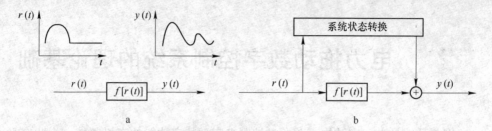

图 2-1 系统的输入输出描述与状态空间描述

许多实际系统虽然并不是严格的线性时不变系统，但在一定条件和范围内，仍可用线性时不变系统来近似描述。对非因果系统，说明系统还有未知的外部或内部因素会影响系统的输出。对线性时不变因果系统有较成熟的描述方法，如不做说明，下面讨论的系统都是线性时不变因果系统。

2.1.2 状态空间描述方法

状态空间描述方法是基于系统状态转换为核心，不仅适用于描述单变量输入单变量输出的系统，也能适用于多变量的场合，是现代控制系统的一个基本描述方法。状态空间描述方法，把输入输出的历史信息通过状态变量来体现，这样，系统的输出仅与当前的系统输入和状态变量有关。状态空间描述如图 2-1b 所示。

2.1.3 描述系统的数学工具和模型

系统变换 $f[\ ]$ 只是一个抽象的符号，可以利用数学工具来描述系统。对连续系统用到的数学工具有微分方程、拉普拉斯变换和传递函数，对离散系统用到的数学工具有差分方程、Z 变换和脉冲传递函数。

对连续系统，可用微分方程、传递函数建立系统模型；对离散系统，可用差分方程、脉冲响应、脉冲传递函数建立系统模型；对连续系统和离散系统，都可用方框图来描述系统结构。

2.1.4 数字控制系统与连续控制系统的关系

设某连续闭环控制系统如图 2-2a 所示，其中系统的输入为 $R(s)$，输出为 $Y(s)$；控制器的传递函数为 $D(s)$，被控对象的传递函数为 $G(s)$；控制器的输入为偏差 $E(s) = R(s) - Y(s)$，控制器输出 $P(s)$ 作为 $G(s)$ 的输入。对应各点的时域信号分别为 $r(t)$、$e(t)$、$p(t)$ 和 $y(t)$。若控制器 $D(s)$ 由计算机实现，则相应的信号发生了如下变化：

时域输入信号 $e(t)$ 以采样开关转换为离散信号 $e(k)$，采样周期为 T，经数字控制器 $D(z)$ 后，输出 $p(k)$，再经滤波器输出 $p(t)$，其中，$e(k)$ 和 $p(k)$ 为离散序列，$E(z)$ 和 $P(z)$ 分别为经过 z 变换后得到的 z 表达式，$D(z)$ 是 $D(s)$ 的脉冲传递函数。

利用数字电路和计算机很容易实现 $D(z)$，虽然由采样开关、$D(z)$ 和滤波器（通常为零阶保持器 ZOH）不能完全与连续系统的传递函数 $D(s)$ 等价，但只要采样周期 T 足够短，离散控制器的输出 $p(t)$ 就与连续系统非常接近。

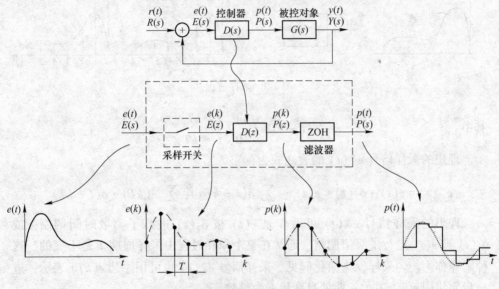

图 2-2　离散系统和连续系统的关系

下面就对数字系统的基本概念如采样过程、序列、z 变换和脉冲传递函数等进行介绍。

2.1.5　采样过程和采样定理

2.1.5.1　采样过程

连续系统中的信号是模拟信号，即信号幅值随时间都是连续变化的，而计算机控制系统中的对信号的处理是以离散系统为基础的。离散系统中的信号是离散时间信号，即信号在时间上是离散的。离散信号可以由模拟信号经采样而获得，如图 2-3 所示。

设模拟信号为 $e(t)$，经采样开关后输出为采样信号 $e^*(t)$。理想的采样开关受单位采样序列 $\delta_T(t)$ 控制，$\delta_T(t)$ 按每周期 T 闭合一次开关，而闭合是瞬间完成的，即开关闭合的持续时间几乎为 0。单位采样序列 $\delta_T(t)$ 的表达式为

$$\delta_T(t) = \sum_{k=-\infty}^{\infty} \delta(t - kT)$$

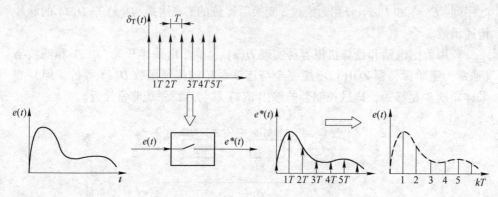

图 2-3   采样过程

其中

$$\delta(t - kT) = \begin{cases} 1, & t = kT \\ 0, & t \neq kT \end{cases}$$

理想的采样信号 $e^*(t)$ 的表达式为

$$e^*(t) = e(t) \cdot \delta_T(t) = e(t) \cdot \sum_{k=-\infty}^{\infty} \delta(t - kT) = \sum_{k=-\infty}^{\infty} e(kT) \cdot \delta(t - kT)$$

理想的采样信号 $e^*(t)$ 可看作是 $e(t)$ 被 $\delta_T(t)$ 进行了离散时间调制，或 $\delta_T(t)$ 被 $e(t)$ 进行了幅值调制。通常在整个采样过程中采样周期 T 是不变的，这种采样称为均匀采样，为简化起见，采样信号 $e^*(t)$ 也可用序列 $e(kT)$ 表示，进一步简化用 $e(k)$ 表示，此处自变量 k 为整数。

2.1.5.2   采样定理

经采样后得到的采样信号 $e^*(t)$ 与原始的模拟信号 $e(t)$ 有何差别呢？只要采样频率 f_s 足够高，或采样周期 T 足够小，由 $e^*(t)$ 经理想低通滤波器就可复现原始的模拟信号 $e(t)$。

根据香农（C E Shannon）采样定理（也称抽样定理或取样定理）可知，只要采样频率 f_s 大于信号（包括噪声） $e(t)$ 中最高频率 f_{max} 的两倍，即 $f_s \geq 2f_{max}$，则采样信号 $e^*(t)$ 就能包含 $e(t)$ 中的所有信息，也就是说，通过理想滤波器由 $e^*(t)$ 可以唯一地复现 $e(t)$。采样定理的理论意义在于指出了采样 $e^*(t)$ 可以取代原始的模拟信号 $e(t)$ 而不丢失信息的可能和条件，从理论上给出了采样频率 f_s 的下限值，实际应用中，一般可取 $f_s = (5 \sim 10)f_{max}$，或更高。

2.1.5.3   采样信号的复现和零阶保持器

理论上，采样信号 $e^*(t)$ 通过理想低通滤波器滤掉 1/2 采样频率以上的信号就能复现出 $e(t)$，但实际上这样的低通滤波器很难实现。通常采用保持器来实现低通滤波，最简单、最常用的是零阶保持器，其采用恒值外推原理，把 $e(kT)$ 的值一直保持到 $(k+1)T$ 时刻，从而把 $e^*(t)$ 变成了阶梯信号 $e_h(t)$，处在采样区间内的值恒定不变，其导数为 0，故称为零阶保持器，简写为 ZOH（zero-order-hold）。

ZOH 的单位脉冲响应为 $h(t) = u(t) - u(t - T)$，其中 $u(t)$ 为单位阶跃函数，如图 2-4a 所示。ZOH 对一般信号的响应见图 2-4b。

ZOH 的时域表达式为

$$e_h(t) = e^*(kT)，kT \leqslant t < (k+1)T$$

对 ZOH 的 $h(t)$ 求拉氏变换可得其传递函数 $Gh(s)$ 如下

$$Gh(s) = L[h(t)] = L[u(t) - u(t-T)] = \frac{1}{s} - \frac{1}{s} \cdot e^{-T_s} = \frac{1 - e^{-T_s}}{s} \quad (2-1)$$

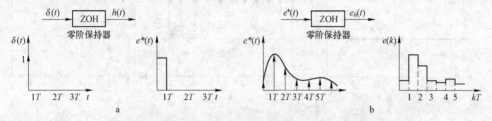

图 2-4　零阶保持器的响应

2.1.6　序列和差分方程

2.1.6.1　序列

如前所述，在均匀采样情况下，离散时间信号 $f^*(t)$ 也可用离散序列（也称数字序列）$f(kT)$ 或进一步简化用了 $f(k)$ 表示，$k = 0，1，2，\cdots$。单位脉冲序列 $\delta(k)$ 和单位阶跃序列 $u(k)$（也有记为 $1(k)$ 是最基本的两个序列）。

单位脉冲序列 $\delta(k)$ 的定义为

$$\delta(k) = \begin{cases} 1, & k = 0 \\ 0, & k \neq 0 \end{cases}$$

单位阶跃序列 $u(k)$ 的定义为

$$u(k) = \begin{cases} 1, & k \geqslant 0 \\ 0, & k < 0 \end{cases}$$

对任一采样信号 $f^*(t)$，知道了 $t = kT$ 的值，也就是 $f(k)$ 或 $f(kT)$，很容易写出相应的代数式和序列图。例如，已知 $f^*(t) = \delta(k) + 3\delta(k-1) - \delta(k-2) + 5\delta(k-3) - 2\delta(k-4) + \cdots$，则相应的序列 $f(k)$ 为

$$f(k) = \begin{cases} 1, & k = 0 \\ 3, & k = 1 \\ -1, & k = 2 \\ 5, & k = 3 \\ -2, & k = 4 \\ \vdots, & k > 4 \end{cases}$$

序列也可用序列图表示，如图 2-5 是 MATLAB 显示的 $\delta(k)$、$u(k)$、$f(k)$ 的序列图。

2.1.6.2　差分的定义

$f(k)$ 的一阶前向差分定义为

$$\Delta f(k) = f(k + 1) - f(k)$$

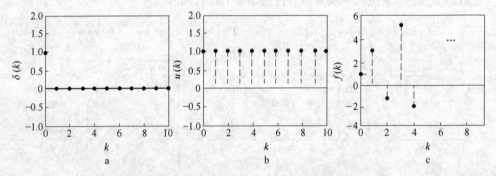

图 2-5　$\delta(k)$、$u(k)$、$f(k)$ 的序列图

$f(k)$ 的二阶前向差分定义为

$$\begin{aligned}
\Delta^2 f(k) &= \Delta f(k + 1) - \Delta f(k) \\
&= [f(k + 2) - f(k + 1)] - [f(k + 1) - f(k)] \\
&= f(k + 2) - 2f(k + 1) + f(k)
\end{aligned}$$

$f(k)$ 的 n 阶前向差分定义为

$$\Delta^n f(k) = \Delta^{n-1} f(k + 1) - \Delta^{n-1} f(k)$$

由于在求 $f(k)$ 的一阶前向差分时，要用到 $f(k + 1)$，这在实时控制系统中难以求出，所以在控制系统中经常使用后向差分，$f(k)$ 的一阶后向差分定义为

$$\nabla f(k) = f(k) - f(k - 1)$$

$f(k)$ 的二阶后向差分定义为

$$\begin{aligned}
\nabla^2 f(k) &= \nabla f(k) - \nabla f(k - 1) \\
&= [f(k) - f(k - 1)] - [f(k - 1) - f(k - 2)] \\
&= f(k) - 2f(k - 1) + f(k - 2)
\end{aligned}$$

$f(k)$ 的 n 阶后向差分定义为

$$\nabla^n f(k) = \nabla^{n-1} f(k) - \nabla^{n-1} f(k - 1)$$

离散系统中的差分概念与连续系统中的微分类似，但在计算机中更容易计算。

2.1.6.3　差分方程

对离散信号系统，设输入为 $r(k)$，输出为 $y(k)$，系统为一变换 $f[\ ]$，则 $y(k) = f[r(k)]$，同样系统 $f[\ ]$ 可通过建立变量 $r(k)$ 与 $y(k)$ 之间的差分方程来描述。

与连续系统类似，对单变量输入单变量输出的离散系统，其一般表示形式如下

$$a_n \cdot y(k-n) + a_{n-1} \cdot y(k-n+1) + \cdots + a_1 \cdot y(k-1) + a_0 \cdot y(k)$$
$$= b_m \cdot r(k-m) + b_{m-1} \cdot r(k-m+1) + \cdots + b_1 \cdot r(k-1) + b_0 \cdot r(k)$$

或写成

$$\sum_{i=0}^{n} a_i \cdot y(k-i) = \sum_{j=0}^{m} b_j \cdot r(k-j) \tag{2-2}$$

式中，$a_i(i=0,1,\cdots,n)$ 和 $b_j(j=0,1,\cdots,m)$ 为常数。根据系统的差分方程和输入 $r(k)$，也可以求出系统的输出 $y(k)$。式（2-2）是差分方程表示的离散系统模型，比连续系统的微分方程式要简单许多。

与求解微分方程类似，对线性常系数差分方程，其全解由通解和特解组成，但在计算机控制系统中，最常用的是迭代法求解，下面通过例子来介绍迭代法求解差分方程的过程。

【例 2-1】 已知差分方程 $y(k) - 0.8 \cdot y(k-1) = 0.2 \cdot r(k)$，在零状态条件下，即当 $k < 0$ 时，$r(k) = 0$，$y(k) = 0$，求 $r(k) = u(k)$ 时的 $y(k)$。

迭代法求解过程是先求出 $k = 0$ 时的 $y(k)$，即 $y(0)$，然后依次求出 $y(1)$，$y(2)$，$\cdots$，如

$$y(0) = 0.8 \cdot y(0-1) + 0.2 \cdot r(0) = 0.9 \cdot 0 + 0.2 \cdot 1 = 0.2$$
$$y(0) = 0.8 \cdot y(1-1) + 0.2 \cdot r(1) = 0.8 \cdot 0.2 + 0.2 \cdot 1 = 0.36$$
$$y(2) = 0.8 \cdot y(2-1) + 0.2 \cdot r(2) = 0.8 \cdot 0.36 + 0.2 \cdot 1 = 0.488$$
$$\vdots$$

部分结果如表 2-1 所示。

表 2-1　迭代法求解差分方程计算过程

k	<0	0	1	2	3	4	5	6	7	8	…
$r(k)$	0	1	1	1	1	1	1	1	1	1	…
$y(k)$	0	0.2	0.36	0.488	0.590	0.672	0.738	0.790	0.832	0.866	…

通过其他方法可求出该差分方程的全解为 $y(k) = 1 - 0.8^{-k}$，只要给出任一 k 值，就能求出相应的 $y(k)$。

用迭代法求解虽然不能直接给出某一公式，也不能由任一 k 马上求出 $y(k)$，但在控制系统中非常实用，因为在实时控制系统中，很难得到给定值 $r(k)$ 的所有值，也不需要一下全部求出所有的输出值 $y(k)$，而只要根据依次给出的 $r(k)$，逐一求出相应的 $y(k)$ 就可以了。由迭代法求解差分方程的算法非常简单。

2.1.7　用脉冲响应表示的离散系统模型

用差分方程描述的离散系统不便直接反映系统本身的固有特性。与连续系统类似也可用系统的脉冲响应来建立离散系统模型。

设线性时不变因果系统的脉冲响应为 $h(k)$，则系统的输出为

$$y(k) = \sum_{i=-\infty}^{k} r(i) \cdot h(k-i)$$

因为 $i < k$ 时，$h(i) = 0$，所以有

$$y(k) = \sum_{i=-\infty}^{+\infty} r(i) \cdot h(k-i) = r(k) * h(k)$$

或

$$y(k) = \sum_{i=-\infty}^{+\infty} h(i) \cdot r(k-i) = h(k) * r(k)$$

即

$$y(k) = r(k) * h(k) = h(k) * r(k) \tag{2-3}$$

此处的" $*$ "运算表示卷积和运算，系统的任一输入 $r(k)$ 与系统脉冲响应 $h(k)$ 进行卷积和运算后，就可得到系统的响应 $y(k)$。式（2-3）是脉冲响应表示的离散系统模型。

与连续系统相比，离散系统的脉冲响应 $h(k)$ 更有实用价值，其原因一是离散系统中卷积和的运算比连续系统中卷积运算要容易得多；二是离散系统的脉冲响应 $h(k)$ 容易通过实验测得；三是离散系统的脉冲响应 $h(k)$ 更容易在计算机中表达。

2.1.8　z 变换及其性质

与连续系统类似，我们还可以进一步通过变换域的方法来建立离散系统的模型，系统的脉冲传递函数就是通过 z 变换得到的 z 域模型。为此，我们应先了解 z 变换。

2.1.8.1　z 变换定义

对离散时间函数 $f^*(t)$ 进行拉氏变换可得

$$F^*(s) = L[f^*(t)] = L\left[\sum_{k=-\infty}^{+\infty} f(t) \cdot \delta(t-kT)\right] = \sum_{k=-\infty}^{+\infty} f(kT) \cdot e^{-kTs}$$

令 $z = e^{Ts}$，$F(z) = F^*(s)$，则有

$$F(z) = \sum_{k=-\infty}^{+\infty} f(kT) \cdot z^{-k}$$

或简记为

$$F(z) = \sum_{k=-\infty}^{+\infty} f(k) \cdot z^{-k}$$

对因果系统，设 $k < 0$ 时，$f(k) = 0$，则有

$$F(z) = \sum_{k=0}^{+\infty} f(k) \cdot z^{-k} \tag{2-4}$$

式（2-4）因为 $f^*(t)$ 由 $f(t)$ 采样后得到，常用 $f(kT)$ 或 $f(k)$ 表示，所以 $f^*(t)$ 的 z 变换 $Z[f^*(t)]$ 也可记为 $Z[f(t)]$，$Z[F(s)]$，或 $Z[f(kT)]$，简单起见常采用 $Z[f(k)]$ 表示。

离散系统中，由序列 $f(k)$ 求 $F(z)$ 要比连续系统中由 $f(t)$ 求 $F(s)$ 要容易得多，例如

对 $\delta(k) = \begin{cases} 1, & k = 0 \\ 0, & k \neq 0 \end{cases}$，有 $Z[\delta(k)] = 1$。

对 $u(k) = \begin{cases} 1, & k \geq 0 \\ 0, & k < 0 \end{cases}$，有 $Z[u(k)] = 1 + z^{-1} + z^{-2} + z^{-3} + \cdots = \dfrac{1}{1 - z^{-1}}$。

对序列 $f(k) = \begin{cases} 1, & k = 0 \\ 3, & k = 1 \\ -1, & k = 2 \\ 5, & k = 3 \\ -2, & k = 4 \\ \vdots, & k > 4 \end{cases}$，则有 $Z[f(k)] = 1 + 3z^{-1} - z^{-2} + 5z^{-3} - 2z^{-4} + \cdots$

由此可看出，只要依次给出 $f(k)$ 的值，就可写出 $Z[f(k)]$ 中关于 z^{-i} 的各项系数，也就是说，只要知道 $f(k)$ 在各 k 时刻的值，就能写出 $Z[f(k)]$ 的关于 z^{-1} 的表达式。

采样脉冲序列进行 z 变换的写法有

$$Z[f^*(t)], \quad Z[f(t)], \quad Z[f(kT)], \quad Z[F(s)]$$

在 z 变换中，z^{-1} 有着明显的物理意义，乘上一个 z^{-1} 算子，相当于延时 1 个采样周期 T，z^{-1} 可称为单位延迟因子。而在拉氏变换中，s 算子的物理意义很难描述。

对控制系统的采样过程，也就是相当于在获得输入信号的 z 变换表达式。

2.1.8.2 反 z 变换

由序列 $f(k)$ 可方便求出 $F(z)$，反之，由 $F(z)$ 也可求出 $f(k)$，这就是 z 反变换。z 变换与 z 反变换可以用变换对形式表示：$f(k) \leftrightarrow F(z)$。

$$Z^{-1}[F(z)] = f^*(t) \quad \text{或} \quad Z^{-1}[F(z)] = f(kT)$$

如果 $F(z)$ 是关于 z^{-i} 的多项表达式，则容易得到相对应的序列 $f(k)$ 及序列图。例如，已知 $F(z)$ 为

$$F(z) = 1 + 3z^{-1} - z^{-2} + 5z^{-3} - 2z^{-4} + \cdots$$

则相应的序列为

$$f(k) = \delta(k) + 3\delta(k-1) - \delta(k-2) + 5\delta(k-3) - 2\delta(k-4) + \cdots$$

相应的序列图如图 2-5c 所示。

如果 $F(z)$ 是关于 z^{-1} 的分式表达式，则通过长除法转换为关于 z^{-1} 的多项式，例如，已知 $F(z)$ 为

$$F(z) = \frac{10z^{-1}}{1 - 1.5z^{-1} + 0.5z^{-2}}$$

通过长除法，可求出

$$F(z) = 10z^{-1} + 15z^{-2} + 17.5z^{-3} + 18.75z^{-4} + \cdots$$

对应的序列为

$$f(k) = 10\delta(k-1) + 15\delta(k-2) + 17.5\delta(k-3) + 18.74\delta(k-4) + \cdots$$

时域的采样信号为

$$f^*(t) = 10\delta(t-T) + 15\delta(t-2T) + 17.5\delta(t-3T) + 18.74\delta(t-4T) + \cdots$$

对 $F(z)$ 的分式表达式，也可通过其他方法求出序列 $f(k)$

$$f(k) = \sum_{i=0}^{+\infty} 20(1 - 0.5^i) \cdot \delta(k-i)$$

2.1.8.3 z 变换的性质

z 变换的性质与拉氏变换类似，如表 2-2 所示，其中假定 $f(k) \leftrightarrow F(z)$，$f1(k) \leftrightarrow F1(z)$，$f2(k) \leftrightarrow F2(z)$。其中线性性质、时移定理（延迟定理）、终值定理比较重要。关于 z 变换的其他一些性质请参考"信号与系统"及"数字信号处理"等有关课程。

表 2-2 z 变换的性质

编号	性质或定理	表　达　式	说明
1	线性性质	$a \cdot f1(k) + b \cdot f2(k) \leftrightarrow a \cdot F1(z) + b \cdot F2(z)$	a, b 为常数
2	时移定理（延迟定理）	$f(k-n) \leftrightarrow z^{-n}F(z)$	将 $x(k)$ 序列延迟 n 个采样周期
3	时移定理（延迟定理）	$f(k+n) \leftrightarrow z^{n}F(z) - \sum_{j=0}^{n-1} z^{n-j}f(j)$	将 $x(k)$ 序列超前 n 个采样周期
4	初值定理	$f(0) = \lim_{k \to 0} f(k) = \lim_{z \to \infty} F(z)$	如果 $\lim_{k \to 0} F(z)$ 存在
5	终值定理	$f(\infty) = \lim_{k \to \infty} f(k) = \lim_{z \to 1}[(z-1)F(z)]$	如果 $\lim_{k \to 0} f(k)$ 存在

2.1.9 脉冲传递函数

2.1.9.1 脉冲传递函数的定义

与连续系统类似，如果系统的初始条件为零，离散系统的脉冲传递函数（也

称 z 传递函数）可定义为

$$H(z) = \frac{Y(z)}{R(z)}$$

式中，$Y(z)$ 为系统输出序列 $y(k)$ 的 z 变换；$R(z)$ 为输入序列 $r(k)$ 的 z 变换。

图 2-6a 表示一个离散系统 $H(z)$ 的框图，图 2-6b 表示在连续系统基础上通过采样开关而形成的离散系统。

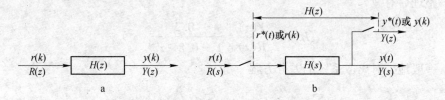

图 2-6 系统的脉冲传递函数

$H(z)$ 可表示为关于 z^{-1} 多项式的分式

$$H(z) = \frac{Y(z)}{R(z)} = \frac{\sum_{j=0}^{m} b_j \cdot z^{-j}}{\sum_{i=0}^{n} a_i \cdot z^{-i}} \tag{2-5}$$

式 (2-5) 表达了离散系统的脉冲传递函数模型 (TF)。对于实际的物理系统，多项式 $R(z)$ 和 $Y(z)$ 的系数均为实数，且 $R(z)$ 的阶次 n 不小于 $Y(z)$ 的阶次 m。

与连续系统一样，脉冲传递函数 $H(z)$ 还可用系统增益、系统零点和系统极点来表示

$$H(z) = \frac{Y(z)}{R(z)} = K \frac{(z - z_1)(z - z_2) \cdots (z - z_m)}{(z - p_1)(z - p_2) \cdots (z - p_m)} = K \frac{\prod_{j=1}^{m} (z - z_j)}{\prod_{i=1}^{n} (z - p_j)} \tag{2-6}$$

式中，z_1，z_2，…，是 $Y(z) = 0$ 的根，称为脉冲传递函数的零点；p_1，p_2，…，p_n 是 $R(z) = 0$ 的根，称为极点；K 为系统的增益（放大倍数）。式 (2-6) 表达了离散系统的零极点增益模型 (ZPK)。

2.1.9.2 脉冲传递函数的获取

系统的脉冲传递函数有多种方法获取：一是由系统的脉冲响应来获取；二是由描述系统的差分方程来求得；三是根据连续系统的传递函数来求得相应离散系统的脉冲传递函数。

对线性时不变因果系统，当系统输入 $r(k)$ 为 $\delta(k)$ 时，系统的输出 $y(k)$ 为脉冲响应 $h(k)$，因为 $R(z) = Z[\delta(k)] = 1$，所以系统的脉冲传递函数就是系

统脉冲响应 $h(k)$ 的 z 变换，即只要知道系统脉冲响应就能求得脉冲传道函数。

由系统的差分方程也可求得脉冲传递函数。例如，已知差分方程

$$y(k) - 0.8 \cdot y(k-1) = 0.2 \cdot r(k)$$

对等式两边求 z 变换，则有

$$Y(z) - 0.8 \cdot z^{-1}Y(z) = 0.2 \cdot R(z)$$

整理后有

$$H(z) = \frac{Y(z)}{R(z)} = \frac{0.2}{1 - 0.8 \cdot z^{-1}}$$

一般地，对离散系统的差分方程

$$\sum_{i=0}^{n} a_i \cdot y(k-i) = \sum_{j=0}^{m} b_j \cdot r(k-j)$$

由此很容易得到由式（2-5）表达的脉冲传递函数 $H(z)$。

根据连续系统的传递函数 $H(s)$，也可求得相应离散系统的脉冲传递函数 $H(z)$，虽然 $H(s)$ 与 $H(z)$ 是不同系统中的概念，前者是连续系统的描述，后者是在前者基础上过采样开关后的离散系统，只要采样周期足够小，后者可以实现对前者的近似描述。

2.1.10 数字控制系统的状态空间描述方法

离散系统的状态空间描述与连续系统类似，其模型框图如图 2-7 所示。其中矩阵 A、B、C、D 的含义同连续系统，$\dot{x}$ 可理解为状态的变化趋势，经延时单元变为状态 x 状态向量。延时单元 z^{-1} 可以看成一组 D 型触发器或数据寄存器，此时可看到 z^{-1} 的物理意义非常明显（相对连续系统中 s 算子的物理意义就较难描述）。

设系统的输入变量为 $r_1(k)$，$r_2(k)$，$\cdots$，$r_l(k)$，输出变量为 $y_1(k)$，$y_2(k)$，$\cdots$，$y_m(k)$，状态变量为 $x_1(k)$，$x_2(k)$，$\cdots$，$x_n(k)$，该多输入多输出线性系统的状态空间表达式可用矩阵表示

$$x(k+1) = A \cdot x(k) + B \cdot r(k)$$
$$y(k) = C \cdot x(k) + D \cdot r(k) \tag{2-7}$$

其中状态方程为 $x(k+1) = A \cdot x(k) + B \cdot r(k)$，

输出方程为 $y(k) = C \cdot x(k) + D \cdot r(k)$。可用差分形式表示。

式（2-7）表达了离散系统的状态空间模型（SS）。其中 $\boldsymbol{x} = \begin{bmatrix} x_1 & x_2 & \cdots & x_n \end{bmatrix}^{\mathrm{T}}$ 为 n 维状态向量；$\boldsymbol{r} = \begin{bmatrix} r_1 & r_2 & \cdots & r_l \end{bmatrix}^{\mathrm{T}}$ 为 l 维输入向量；$\boldsymbol{y} = \begin{bmatrix} y_1 & y_2 & \cdots & y_m \end{bmatrix}^{\mathrm{T}}$ 为 m 维输出向量；而 $\boldsymbol{A}$、$\boldsymbol{B}$、$\boldsymbol{C}$、$\boldsymbol{D}$ 分别为状态矩阵、输入矩阵、输出矩阵和传输矩阵。

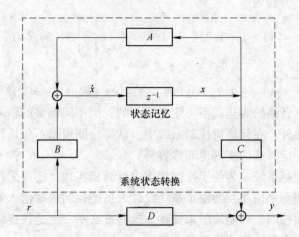

图 2-7 离散系统的状态空间描述方法

同样，利用 MATLAB 工具，离散系统的状态空间表达式也可方便地与脉冲函数、零极点增益表达式之间相互转换。例如，设离散系统的脉冲传递函数模型（TF）为

$$H(z) = \frac{P(z)}{E(z)} = \frac{5 + 4z^{-1} + 0.6z^{-2}}{1 + 1.3z^{-1} + 0.4z^{-2}}$$

相应的零极点增益模型为（ZPK）

$$H(z) = \frac{P(z)}{E(z)} = 0.5 \cdot \frac{(1 + 0.2z^{-1})}{(1 + 0.5z^{-1})} \cdot \frac{(1 + 0.6z^{-1})}{(1 + 0.8z^{-1})}$$

相应的状态空间模型（SS）为

$$x(k + 1) = \boldsymbol{A} \cdot x(k) + \boldsymbol{B} \cdot r(k)$$
$$y(k) = \boldsymbol{C} \cdot x(k) + \boldsymbol{D} \cdot r(k)$$

其中，$\boldsymbol{A} = \begin{pmatrix} -1.3 & -0.8 \\ 0.5 & 0 \end{pmatrix}$；$\boldsymbol{B} = \begin{pmatrix} 2 \\ 0 \end{pmatrix}$；$\boldsymbol{C} = (-1.25 \quad -1.4)$；$\boldsymbol{D} = (5)$；$x = (x_1 \quad x_2)^{\mathrm{T}}$

而 $\boldsymbol{r} = (r)^{\mathrm{T}}$，$\boldsymbol{y} = (y)^{\mathrm{T}}$，均为一维向量。

差分形式的状态方程为

$$\begin{pmatrix} x_1(k + 1) \\ x_2(k + 1) \end{pmatrix} = \begin{pmatrix} -1.3 & -0.8 \\ 0.5 & 0 \end{pmatrix} \cdot \begin{pmatrix} x_1(k) \\ x_2(k) \end{pmatrix} + \begin{pmatrix} 2 \\ 0 \end{pmatrix} \cdot r(k)$$

或

$$\begin{cases} x_1(k + 1) = -1.3 \cdot x_1(k) - 0.8 \cdot x_2(k) + 2 \cdot r(k) \\ x_2(k + 1) = 0.5 \cdot x_1(k) - 0 \cdot x_2(k) + 0 \cdot r(k) = 0.5 \cdot x_1(k) \end{cases}$$

差分形式的输出方程为

$$y(k) = (-1.25 \quad -1.4) \cdot \begin{pmatrix} x_1(k) \\ x_2(k) \end{pmatrix} + (5)r(k)$$

或

$$y(k) = -1.25 \cdot x_1(k) - 1.4 \cdot x_2(k) + 5 \cdot r(k)$$

必须指出，转换的表达式不一定是唯一的，但不同模型的输入输出之间的关系是一致的。另外，在计算机控制系统中，状态空间模型不仅适用于多输入多输出系统，而且相应算法的实现也非常容易。

对计算机控制系统，为便于控制规律由计算机实现，还可采用类似于计算机编程语言、流程图来描述；为便于系统设计人员把控制规律输入到计算机，人们还用梯形图、顺控图、功能块图来描述。这些方法不一定是在连续系统基础上近似等效来的，后面其他章节将单独介绍。

2.2 数字控制系统分析

2.2.1 s 平面和 z 平面之间的映射

了解了 s 平面和 z 平面之间的映射，就可由连续系统的规则直接得出相应离散系的规则。根据 z 变换的定义，有如下 s 平面与 z 平面的映射关系。

设 $s = \sigma + j\omega$，则 $z = e^{sT} = e^{(\sigma+j\omega)T} = e^{\sigma T} \cdot e^{j\omega T} = e^{\sigma T} \angle \omega T$

由于 $e^{j\omega T} = \cos\omega T + j\sin\omega T$ 是 2π 周期函数，故也有 $z = e^{\sigma T} \angle (\omega T + 2\pi)$。

有关 s 平面和 z 平面之间的映射关系如图 2-8~图 2-13 所示。

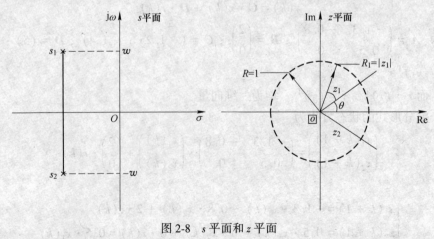

图 2-8 s 平面和 z 平面

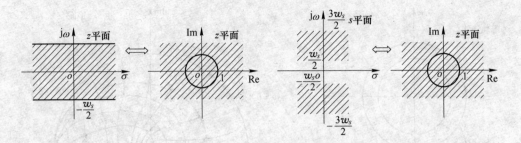

图 2-9 s 平面和 z 平面

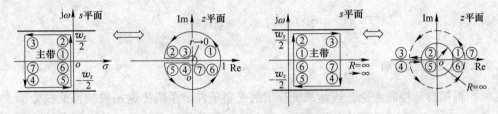

图 2-10 s 平面和 z 平面

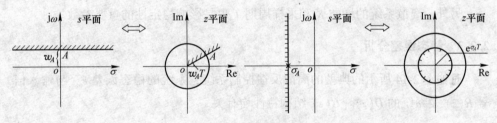

图 2-11 s 平面和 z 平面

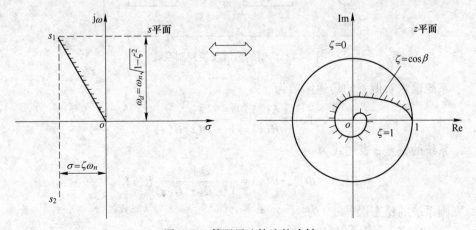

图 2-12 等阻尼比轨迹的映射

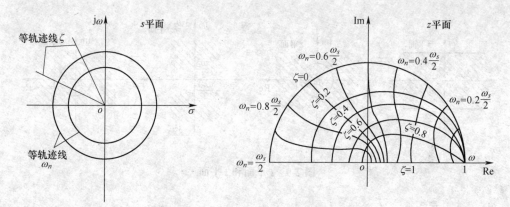

图 2-13　等自然频率轨迹映射

2.2.2　稳定性分析

根据自动控制理论，连续系统稳定的充要条件是系统传递函数的特征根全部位于 s 域左半平面，而对离散系统，稳定的充要条件是系统脉冲传递函数的特征根全部位于 z 平面的单位圆内。

另外，离散系统的增益 K 和采样周期 T 也是影响稳定性的重要参数。

2.2.3　静态误差分析

对如图 2-14 所示的典型的离散反馈控制系统，系统的稳态误差 e_{ss}^* 与输入信号 $R(z)$ 及系统的 $D(z)$、$G(z)$ 结构特性均有关。

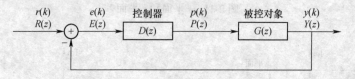

图 2-14　典型的离散反馈控制系统

系统输入对偏差的传递函数为

$$\Phi_e(z) = \frac{E(z)}{R(z)} = \frac{1}{1 + D(z)G(z)}$$

系统的偏差 z 表达式为

$$E(z) = \Phi_e(z)R(z) = \frac{1}{1 + D(z)G(z)}R(z)$$

则系统的稳态误差 e_{ss}^* 为

$$e_{ss}^{*} = \lim_{z \to 1}(1 - z^{-1})E(z) = \lim_{z \to 1}(1 - z^{-1})\frac{1}{1 + D(z)G(z)}R(z) \qquad (2\text{-}8)$$

显然系统的稳态误差与系统结构 $D(z)G(z)$、输入 $R(z)$ 有关。按系统开环脉冲函数 $D(z)G(z)$ 中所含 $1 - z^{-1}$ 的环节个数 v 来划分，离散系统也有 0 型、Ⅰ 型、Ⅱ 型系统之分。

对"0"型系统，$D(z)G(z)$ 在 $z = 1$ 处无极点，当输入信号为单位阶跃函数时，系统的稳态误差为有限值 $1/(1 + K_p)$。

$$e_{ss}^{*}(t) = e_{ss}(k) = \lim_{z \to 1}(1 - z^{-1})\frac{1}{1 + D(z)G(z)}\frac{1}{1 - z^{-1}} = \lim_{z \to 1}\frac{1}{1 + D(z)G(z)} = \frac{1}{1 + K_p}$$

$$(2\text{-}9)$$

式中，$K_p = \lim_{z \to 1}D(z)G(z)$。

对"Ⅰ"型系统，$D(z)G(z)$ 在 $z = 1$ 处有 1 个极点，当输入信号为单位速度函数时，系统的稳态误差为有限值 $1/K_v$。

$$e_{ss}^{*}(t) = e_{ss}(k) = \lim_{z \to 1}(1 - z^{-1})\frac{1}{1 + D(z)G(z)}\frac{Tz^{-1}}{1 - z^{-1}} = \frac{1}{K_v} \qquad (2\text{-}10)$$

式中，$K_v = e_{ss}(k) = \lim_{z \to 1}\frac{1}{T}(1 - z^{-1})D(z)G(z)$。

对"Ⅱ"型系统，$D(z)G(z)$ 在 $z = 1$ 处有 2 个极点，当输入信号为单位加速度函数时，系统的稳态误差为有限值 $1/K_a$。

$$e_{ss}^{*}(t) = e_{ss}(k) = \lim_{z \to 1}(1 - z^{-1})\frac{1}{1 + D(z)G(z)}\frac{T^2 \cdot (1 + z^{-1})z^{-1}}{2 \cdot (1 - z^{-1})^3} = \frac{1}{K_a}$$

$$(2\text{-}11)$$

式中，$K_a = e_{ss}(k) = \lim_{z \to 1}\frac{1}{T^2}(1 - z^{-1})^2 D(z)G(z)$。

系统稳态误差与系统结构 $D(z)G(z)$、输入 $R(z)$ 的关系如表 2-3 所示。

表 2-3　离散系统稳态误差

输入		稳态误差 $e_{ss}(k)$		
$r(k)$	$R(z)$	0 型系统	Ⅰ 型系统	Ⅱ 型系统
$u(k)$	$\dfrac{1}{1 - z^{-1}}$	$\dfrac{1}{1 + K_p}$	0	0
k	$\dfrac{Tz^{-1}}{(1 - z^{-1})^2}$	∞	$\dfrac{1}{K_v}$	0
$\dfrac{1}{2}k^2$	$\dfrac{T^2 \cdot (1 + z^{-1})z^{-1}}{2 \cdot (1 - z^{-1})^3}$	∞	∞	$\dfrac{1}{K_a}$

需要说明的是：计算稳态误差前提条件是系统稳定；稳态误差为无限大并不等于系统不稳定，它只表明该系统不能跟踪所输入的信号；上面讨论的稳态误差只是系统原理性误差，只与系统结构和外部输入有关。

2.2.4　动态特性分析

离散系统的动态特性也是用系统在单位阶跃输入信号作用下的响应特性来描述，具体指标也有上升时间 t_r、峰值时间 t_p、调节时间 t_s 和超调量 σ 等。

通过离散系统传递函数的极点与零点的分布，也可分析出时域的动态特性。

2.2.4.1　极点位于实轴

当极点位于单位圆外正实轴上，系统响应将是单调发散的序列；当极点位于单位圆外负实轴上，系统响应将是振荡发散的序列；当极点位于单位圆内正实轴上，系统响应将是单调收敛的序列；当极点位于单位圆内负实轴上，系统响应将是收敛的振荡序列，如图 2-15a 所示，图中系统响应用 $y(k)$ 表示。

2.2.4.2　极点为复根

当极点为单位圆外的复根时，系统响应将是发散的振荡序列；当极点为单位圆内的复根时，系统响应将是收敛的振荡序列；振荡的频率与复根的 θ 有关，如图 2-15b 所示。

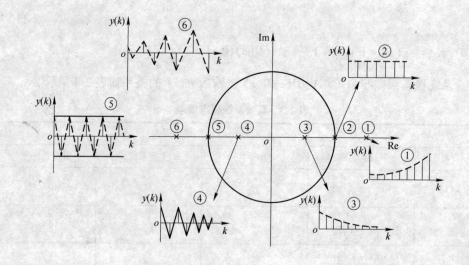

a

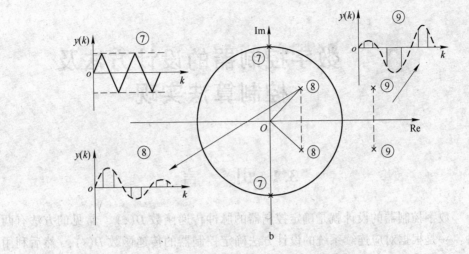

图 2-15 极点位于实轴或极点为复根时域特性

3 数字控制器的设计方法及控制算法实现

3.1 引 言

数字控制器的设计就是确定控制器的脉冲传递函数 $D(z)$。常见的方法有两种：一是根据对应连续系统的设计方法确定控制器的传递函数 $D(s)$，然后利用离散化的方法求出近似的 $D(z)$；二是根据对象的脉冲传递函数 $G(z)$、给定输入信号 $R(z)$ 以及系统的特性要求，确定系统广义闭环脉冲传递函数 $\Phi(z)$，然后求出控制器的脉冲传递函数 $D(z)$。前者称为近似设计方法，后者称为解析设计方法。

如何根据连续系统的传递函数求出对应离散系统的脉冲传递函数。这就是离散化方法的任务，离散化方法有积分变换法、零极点匹配法和等效变换法。

数字 PID 在采样控制系统中得到了广泛应用。数字 PID 控制就是结合计算机逻辑运算的特点来实现的 PID 控制。数字 PID 控制器的脉冲传递函数 $D(z)$ 可通过离散化方法，由连续系统的 $D(s)$ 求得。

状态空间设计法利用状态反馈构成控制规律是现代控制理论的基本方法。由于"状态"全面反映了系统的特性，利用状态反馈就有可能实现较好的控制。状态反馈可以任意的配置系统的极点，为控制系统的设计提供了有效的方法。按照状态空间描述方法也可得到相应的状态方程和输出方程。对高阶的 $D(z)$，可通过串行或并行来实现。

3.2 数字控制器的设计方法

3.2.1 近似设计法（间接设计法、连续-离散设计法，又称仿真设计法）

根据采样定理，连续信号的控制系统可用离散采样控制系统来代替，如图 3-1a 所示，其中被控对象 $G(s)$ 可假定含有零阶保持器 ZOH。简化后可看成由控制器 $D(z)$ 与被控对象 $G(z)$ 组成的反馈控制系统，见图 3-1b。离散采样控制系统的广义闭环传递函数为 $\Phi(z)$，如图 3-1c 所示。

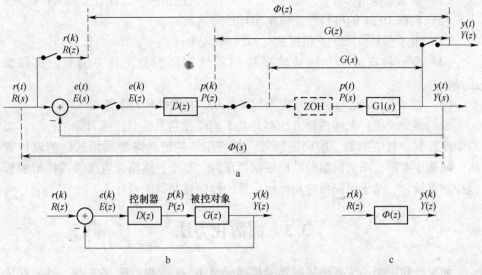

图 3-1　离散采样控制系统结构框图

近似设计法是建立在连续系统的 $D(s)$ 基础上的，因此也称模拟设计法，也称间接设计法。数字控制器 $D(z)$ 的近似设计过程如下：

（1）选择合适的采样频率，考虑零阶保持器 ZOH 的相位滞后，根据系统的性能指标和连续域设计方法，设计控制器的传递函数 $D(s)$。

（2）选择合适的离散化方法，将 $D(s)$ 离散化，获得数字控制器的脉冲传递函数 $D(z)$，使两者性能尽量相等。

（3）检验数字控制系统闭环性能。若不满意，可进行优化，选择更合适的离散化方法、提高采样频率。必要时，可增加稳定裕度（相对稳定程度的参数）重新修正连续域的 $D(s)$ 后，再离散化。

对 $D(z)$ 满意后，将其变为数字算法，在计算机上编程实现。

3.2.2　解析设计法（直接设计法、又称离散设计法）

设离散系统结构如图 3-1b 所示，则与连续系统中 $\Phi(s)$ 与 $G(s)$ 关系式类似，则有

$$\Phi(z) = \frac{Y(z)}{R(z)} = \frac{D(z)G(z)}{1 + D(z)G(z)} \tag{3-1}$$

$$D(z) = \frac{P(z)}{E(z)} = \frac{\Phi(z)}{G(z)[1 - \Phi(z)]} \tag{3-2}$$

解析设计法是根据系统的 $G(z)$、$\Phi(z)$ 以及输入 $R(z)$ 来直接确定 $D(z)$，因此也称直接设计法。数字控制器 $D(z)$ 的解析设计过程如下：

（1）根据系统的 $G(z)$、输入 $R(z)$ 及主要性能指标，选择合适的采样频率；

（2）根据 $D(z)$ 的可行性，确定闭环传递函数 $\Phi(z)$；

（3）由 $\Phi(z)$、$G(z)$，根据式（3-2）确定 $D(z)$；

（4）分析各点波形，检验数字控制系统闭环性能。若不满意，重新修正 $\Phi(z)$；

（5）对 $D(z)$ 满意后，将其变为数字算法，在微处理器上编程实现。

最后需要说明：上述两种方法都是基于离散控制系统对连续对象的控制，而对顺序控制、数值控制、模糊控制等，其控制器的设计需要采用其他的设计方法，如基于有限自动机模型的顺序控制器设计、基于连续路径直线圆弧插值的数值控制器设计、基于模糊集合和模糊运算的模糊控制器的设计等。

3.3   离散化方法

如果已知一个连续系统控制器的传递函数 $D(s)$，根据采样定理，只要有足够小的采样周期，总可找到一个近似的离散控制器 $D(z)$ 来代替 $D(s)$，对一个连续系统中的被控制对象 $G(s)$，也可用一个近似的 $G(z)$ 来仿真 $G(s)$ 的特性。

有许多成熟的方法，可根据系统的 $G(s)$、$\Phi(s)$ 等要求设计出 $D(s)$，由此求出近似的 $D(z)$，就可由微处理器来实现 $D(z)$。

由 $D(s)$ 求出 $D(z)$ 的方法有多种，如积分变换法、零极点匹配法和等效变换法，下面以积分法为重点，分别介绍这些方法。

3.3.1   积分变换法

积分变换法是基于数值积分的原理，因此也称数值积分法。积分变换法又分为矩形变换法和梯形变换法，矩形变换法又分为向后差分法（或后向差分法）、向前差分法（或前向差分法）。

3.3.1.1   向后差分法

设某控制器的输出 $p(t)$ 是输入 $e(t)$ 对时间的积分，即有如下关系式

$$P(t) = \int_0^t e(\tau)\mathrm{d}t \quad 或 \quad \frac{\mathrm{d}p(t)}{\mathrm{d}t} = e(t), \quad \mathrm{d}p(t) = e(t)\mathrm{d}t$$

$e(t)$ 的波形如图 3-2 所示。假定在 $(k-1)T$、kT 时刻的输入 $e(t)$ 分别记为 $e(k-1)$、$e(k)$，输出 $p(t)$ 分别记为 $p(k-1)$、$p(k)$，则有

$$P(k) = \int_0^{kT} e(t)\mathrm{d}t = \int_0^{(k-1)T} e(t)\mathrm{d}t + \int_{(k-1)T}^{kT} e(t)\mathrm{d}t = p(k-1) + \int_{(k-1)T}^{kT} e(t)\mathrm{d}t$$

如用矩形面积近似增量的积分面积 $d(p(k))$，则有

$$\mathrm{d}(p(k)) = \int_{(k-1)T}^{kT} e(t)\mathrm{d}t = p(k) - p(k-1) \approx e(k-1)T（采用向前差分）$$

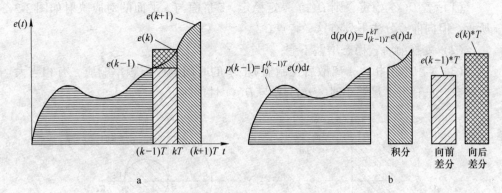

图 3-2 矩形变换法示意图

或

$$d(p(k)) = \int_{(k-1)T}^{kT} e(t)\mathrm{d}t = p(k) - p(k-1) \approx e(k)T(\text{采用向后差分})$$

考虑到向前差分性能较差，实际常采用向后差分，$p(k)$ 的向后差分关系式为

$$p(k) - p(k-1) \approx e(k)T$$

经 z 变换后，有

$$p(z) - z^{-1}p(z) \approx E(z)T$$

$$D(z) = \frac{P(z)}{E(z)} = \frac{T}{1 - z^{-1}}$$

对照相应连续传递函数 $D(s)$ 有

$$D(s) = \frac{P(s)}{E(s)} = \frac{1}{s}$$

可得变换式

$$s \rightarrow \frac{1 - z^{-1}}{T}$$

由此可根据 $D(s)$ 求出 $D(z)$

$$D(z) = D(s)\big|_{s = \frac{1-z^{-1}}{T}} \tag{3-3}$$

式 (3-3) 就是向后差分法的变换公式。

【例 3-1】已知 $D(s) = \dfrac{1/2}{s(s + 1/2)}$，试用向后差分法求 $D(z)$。

解

$$D(z) = D(s)\big|_{s = \frac{1-z^{-1}}{T}} = \frac{1/2}{\dfrac{1 - z^{-1}}{T}\left(\dfrac{1 - z^{-1}}{T} + 1/2\right)} = \frac{T^2}{2(1 - z^{-1}) + (1 - z^{-1}) \times T}$$

向后差分法的特点有：

（1）若 $D(s)$ 稳定，则 $D(z)$ 一定稳定，s 平面与 z 平面的对应映射如图 3-3 所示，但向前差分法不具有这一特点；

（2）变换前后，稳态增益不变；

（3）与 $D(s)$ 相比，离散后控制器 $D(z)$ 的时间响应与频率响应，有相当大的畸变，只有当 T 足够小时，$D(z)$ 才与 $D(s)$ 性能接近。

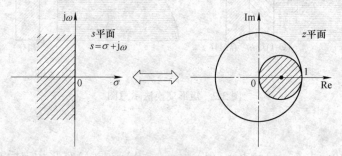

图 3-3　向后差分法 s 平面与 z 平面对应的映射

3.3.1.2　梯形变化法（双线性变换法，突斯汀-Tustin 变换法）

从向后差分法可看出，积分面积是用矩形来近似的，如能用梯形来近似，效果则更好，如图 3-4 所示。

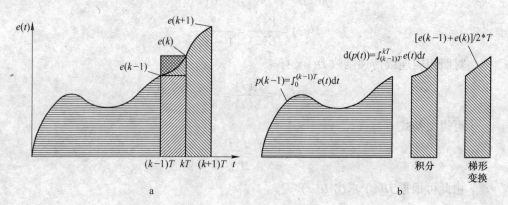

图 3-4　梯形变换法示意图

如用梯形面积近似增量的积分面积 $\mathrm{d}(p(k))$，则

$$p(k) - p(k-1) \approx [e(k-1) + e(k)]/2T$$

经 z 变换后，有

$$p(z) - z^{-1}p(z) \approx \frac{T}{2}(1 + z^{-1})E(z)$$

$$D(z) = \frac{P(z)}{E(z)} = \frac{T}{2} \cdot \frac{1 + z^{-1}}{1 - z^{-1}}$$

对照相应连续系统的传递函数 $D(s)$，可得变换式

$$s \to \frac{2}{T} \cdot \frac{1 - z^{-1}}{1 + z^{-1}} \tag{3-4}$$

由此可根据 $D(s)$ 求出 $D(z)$

$$D(z) = D(s) \big|_{s = \frac{2}{T} \cdot \frac{1-z^{-1}}{1+z^{-1}}} \tag{3-5}$$

式（3-5）就是梯形变换法的变换公式。

【例 3-2】 已知 $D(s) = \dfrac{1/2}{s(s + 1/2)}$，试用梯形变换法求 $D(z)$。

解

$$
\begin{aligned}
D(z) &= D(s) \big|_{s = \frac{2}{T} \cdot \frac{1-z^{-1}}{1+z^{-1}}} \\[2mm]
&= \frac{1/2}{\dfrac{2}{T} \cdot \dfrac{1 - z^{-1}}{1 + z^{-1}} \left(\dfrac{2}{T} \cdot \dfrac{1 - z^{-1}}{1 + z^{-1}} + 1/2 \right)} \\[2mm]
&= \frac{T^2 (1 + z^{-1})^2}{8 (1 - z^{-1})^2 + 2(1 - z^{-1}) T (1 + z^{-1})} \\[2mm]
&= \frac{T^2 (1 + z^{-1})^2}{2(1 - z^{-1})(4(1 - z^{-1}) + T(1 + z^{-1}))} \\[2mm]
&= \frac{T^2 (1 + z^{-1})^2}{2(1 - z^{-1})(4 + T + (T - 4)z^{-1})} \\[2mm]
&= \frac{T^2 + 2T^2 z^{-1} + T^2 z^{-2}}{8 + 2T - 16 z^{-1} + (8 - 2T) z^{-2}}
\end{aligned}
$$

梯形变化法的特点：

（1）若 $D(s)$ 稳定，则 $D(z)$ 一定稳定，s 平面与 z 平面对应的映射见图 3-5。

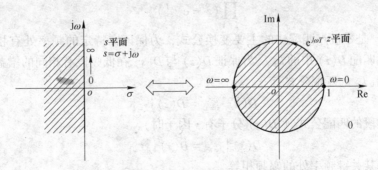

图 3-5 梯形变化法 s 平面与 z 平面对应的映射

（2）变换前后，稳态增益不变。

（3）双线性变换的一对一映射，保证了离散频率特性不产生频率混叠现象；

与 $D(s)$ 相比，离散后控制器 $D(z)$ 的频率响应在高频段有一定的畸变，但可采用预校正办法弥补。

(4) $D(z)$ 性能与 $D(s)$ 较接近，但变换公式较复杂。

为保证在角频率 ω_1 处，$D(z)$ 与 $D(s)$ 有相同的增益，即 $D(\mathrm{e}^{j\omega_1 T}) = D(j\omega_1)$，可采用频率预校正公式，即用式 (3-6) 取代变换式 (3-4)。

$$s \rightarrow \frac{\omega_1}{\tan\left(\omega_1 \dfrac{T}{2}\right)} \cdot \frac{1 - z^{-1}}{1 + z^{-1}} \tag{3-6}$$

3.3.2　零极点匹配法

零极点匹配法的原理就是使 $D(z)$ 与 $D(s)$ 有相似的零极点分布，从而获得近似的系统特性。设 $D(s)$ 有如下形式

$$D(s) = \frac{P(s)}{E(s)} = k \frac{\displaystyle\prod_{i=1}^{m}(s + z_i)}{\displaystyle\prod_{j=1}^{n}(s + p_j)}, \quad (n \geqslant m)$$

按下面的变换式转换零点和极点

$$(s + z_i) \rightarrow (z - \mathrm{e}^{-z_i T}) \ \text{或} (1 - \mathrm{e}^{-z_i T} z^{-1})$$

$$(s + p_j) \rightarrow (z - \mathrm{e}^{-p_j T}) \ \text{或} (1 - \mathrm{e}^{-p_j T} z^{-1})$$

若分子阶次 m 小于分母阶次 n，离散变换时，在 $D(z)$ 分子上加 $(z + 1)^{n-m}$ 因子，得到的 $D(z)$ 表达式如下

$$D(z) = k_1 \frac{\displaystyle\prod_{i=1}^{m}(z - \mathrm{e}^{-z_i T})}{\displaystyle\prod_{j=1}^{n}(z - \mathrm{e}^{-p_j T})} (z + 1)^{n-m} \tag{3-7}$$

式 (3-7) 是零极点匹配法的主要变换公式，为保证在特定的频率处有相同的增益，需要匹配 $D(z)$ 中的 k_1，为保证 $D(z)$ 与 $D(s)$ 在低频段有相同的增益，确定 $D(z)$ 增益 k_1 的匹配公式有

$$D(s)\big|_{s=0} = D(z)\big|_{z=1}$$

高频段的匹配公式（$D(s)$ 分子有 s 因子时）

$$D(s)\big|_{s=\infty} = D(z)\big|_{z=-1}$$

选择某关键频率处的幅频相等

$$D(s)\big|_{s=j\omega_1} = D(z)\big|_{z=\mathrm{e}^{j\omega_1 T}}$$

零极点匹配法的特点：

(1) 若 $D(s)$ 稳定，则 $D(z)$ 一定稳定；

（2）有近似的系统特性，能保证某处频率的增益相同；

（3）可防止频率混叠；

（4）需要对 $D(s)$ 分解为零极点形式，有时分解不太方便。

3.3.3 等效变换法

等效变换法的原理是使 $D(z)$ 与 $D(s)$ 对系统的某种时域响应在每个 kT 采样时刻有相同的值，具体变换方法有脉冲响应不变法（z 变换法）和阶跃响应不变法（带保持器的等效保持法）。

3.3.3.1 脉冲响应不变法（z 变换法）

脉冲响应不变法能保证离散系统的脉冲响应在 kT 时刻与连续系统的输出保持一致，在变换前，将 $D(s)$ 写成如下形式

$$D(s) = \sum_{i=1}^{m} \frac{A_i}{s + a_i}$$

则 $D(z)$ 对 $D(s)$ 的 z 变换公式如下

$$D(z) = Z[D(s)] = Z\left[\sum_{i=1}^{m} \frac{A_i}{s + a_i}\right] = \sum_{i=1}^{m} \frac{A_i}{1 - e^{-a_i T}z^{-1}} \tag{3-8}$$

式（3-8）是脉冲响应不变法（z 变换法）的主要变换公式。

【例3-3】设某传递函数 $D(s)$ 如下，试用脉冲响应不变法（z 变换法）求 $D(z)$（设采样周期 $T = 0.5\text{s}$）。

$$D(s) = \frac{100}{s(s+1)(s+10)}$$

解 根据式（3-8）可得

$$D(z) = Z\left[\frac{100}{s(s+1)(s+10)}\right] = Z\left[\left(\frac{10}{s} - \frac{100/9}{s+1} + \frac{10/9}{s+10}\right)\right]$$

$$= \frac{10}{1 - z^{-1}} - \frac{100/9}{1 - e^{-T}z^{-1}} + \frac{10/9}{1 - e^{-10T}z^{-1}}$$

$$\approx \frac{10}{1 - z^{-1}} - \frac{11.11}{1 - 0.6065z^{-1}} + \frac{1.11}{1 - 0.0067z^{-1}}$$

$$\approx \frac{22.22(1 - 0.8161z^{-1})(1 - 0.0435z^{-1})}{(1 - z^{-1})(1 - 0.6065z^{-1})(1 - 0.0067z^{-1})}$$

$$\approx \frac{22.22 - 19.1z^{-1} + 0.7883z^{-2}}{1 - 1.613z^{-1} + 0.6173z^{-2} - 0.0041z^{-3}}$$

3.3.3.2 阶跃响应不变法（带保持器的等效保持法）

阶跃响应不变法能保证离散系统带保持器后的阶跃响应在 kT 时刻与连续系统的输出保持一致。假定在 $D(s)$ 之前有零阶保持器，所以在进行 z 变换时需要

考虑零阶保持器的传递函数，变换公式有

$$D(z) = Z\left[\frac{1 - e^{-sT}}{s}D(s)\right] = (1 - z^{-1})Z\left[\frac{D(s)}{s}\right] \tag{3-9}$$

式（3-9）是阶跃响应不变法（带零阶保持器的等效保持法）的主要变换公式。

【例3-4】某传递函数 $D(s)$ 如下，试用阶跃响应不变法（带零阶保持器的等效保持法）求 $D(z)$。（设采样周期 $T = 0.5\text{s}$）

$$D(s) = \frac{100}{s(s + 1)(s + 10)}$$

解 根据式（3-9）有

$$D(z) = Z\left[\frac{1 - e^{-Ts}}{s} \cdot \frac{100}{s(s + 1)(s + 10)}\right] = (1 - z^{-1})Z\left[\left(\frac{10}{s^2} - \frac{11}{s} + \frac{100/9}{1 + s} - \frac{1/9}{10 + s}\right)\right]$$

$$= \frac{1 - z^{-1}}{9}\left[\frac{90Tz^{-1}}{(1 - z^{-1})^2} - \frac{99}{1 - z^{-1}} + \frac{100}{1 - e^{-T}z^{-1}} - \frac{1}{1 - e^{-10T}z^{-1}}\right]$$

$$= \frac{0.7385z^{-1}(1 + 1.4815z^{-1})(1 + 0.05355z^{-1})}{(1 - z^{-1})(1 - 0.6065z^{-1})(1 - 0.0067z^{-1})}$$

3.3.4 离散时间状态空间系统的极点配置

离散状态空间系统与连续状态空间系统一样，可以通过状态反馈来实现系统极点的配置。这个概念可以通过图 3-6 来加以说明。在开环状态空间系统中，将状态变量引出构成闭环系统，通过对状态反馈矩阵的选择，可以将闭环系统的极点配在所希望的位置上。系统通过状态反馈能够实现任意配置极点的必要充分条件是系统具有能控性。

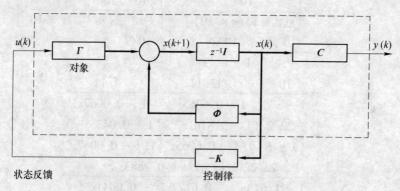

图 3-6 带状态反馈的闭环系统图

需要说明的是，这里介绍的只是单输入单输出系统，并且是零输入情况下的系统。为了将这种系统与反馈系统进行比较，将如图 3-6 所示的系统重新表达为如图 3-7 所示的结构。

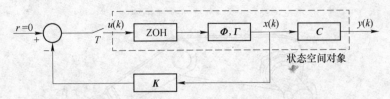

图 3-7　带状态反馈的闭环控制系统图

根据离散时间系统通用状态方程和输出方程：

$$\left.\begin{array}{l} x(k+1) = \pmb{\Phi}x(k) + \pmb{\Gamma}u(k) \\ y(k) = \pmb{C}x(k) \end{array}\right\} \quad (3\text{-}10)$$

引入状态反馈

$$\pmb{u}(k) = -\pmb{K}x(k) = -[k_1 k_2 \cdots] \begin{bmatrix} x_1 \\ x_2 \\ \vdots \end{bmatrix} \quad (3\text{-}11)$$

式中，$\pmb{K}$ 为状态反馈矩阵。由式（3-10）和式（3-11）有

$$x(k+1) = \pmb{\Phi}x(k) - \pmb{\Gamma K}x(k) = [\pmb{\Phi} - \pmb{\Gamma K}]x(k) \quad (3\text{-}12)$$

对式（3-12）做 z 变换，并整理有

$$[z\pmb{I} - \pmb{\Phi} + \pmb{\Gamma K}]x(z) = 0 \quad (3\text{-}13)$$

其中，

$$|z\pmb{I} - \pmb{\Phi} + \pmb{\Gamma K}| = 0 \quad (3\text{-}14)$$

为闭环系统的特征方程。只要选取合适的矩阵 $\pmb{K}$，就可使系统的特征值为希望极点，这就是极点配置。

与连续状态空间系统一样，离散状态空间系统的极点配置方法包括：

（1）系数匹配法；

（2）转移矩阵法；

（3）艾克曼（Ackermann）公式法；

（4）MATLAB 直接计算法等。

这里仅以系数匹配法的应用为例，对极点配置的原理进行说明。不论哪种极点配置方法，首先都必须将系统设计指标转换为极点位置的表达 $z_i = \alpha_1$，α_2，α_3，$\cdots$，α_n，即

$$\alpha(z) = (z - \alpha_1)(z - \alpha_2) \cdots (z - \alpha_n) = 0 \quad (3\text{-}15)$$

系数匹配法就是将多项式形式的式（3-14）与式（3-15）特征方程的各项 z 次幂系数进行比较，以求取矩阵 $\pmb{K}$。

【例 3-5】对于图 3-8 所示的机器臂以及离散系统动态结构图，按照指标 $\zeta =$

0.5 和 $\omega_n = 1$，取 $T = 1\text{s}$。用状态反馈方法来设计闭环调节系统。

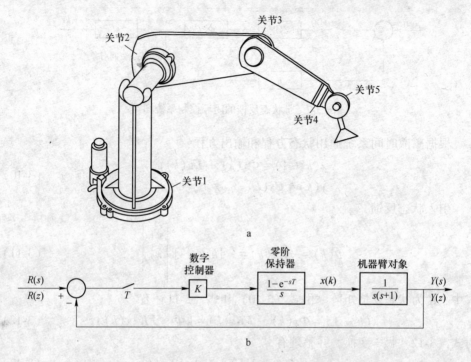

图 3-8 工业机器臂示意图（a）及机器臂数字闭环控制模型（b）

解 首先将指标转换为极点位置的表达，由 $\zeta = 0.5$ 和 $\omega_n = 1$ 有 $s = -0.5 \pm \text{j}0.87$，则

$$z = e^{(-0.5 \pm \text{j}0.87)T} = e^{-0.5T}e^{\pm\text{j}0.87T} = 0.607e^{\pm\text{j}0.87\text{rad}} = 0.607e^{\pm\text{j}49.9°}$$

即

$$(z - 0.607e^{\text{j}49.9°})(z - 0.607e^{-\text{j}49.9°}) = z^2 - 0.786z + 0.368 = 0 \qquad (3\text{-}16)$$

这样，期望极点的位置如图 3-9 所示。

机器臂系统的传递函数表达为

$$G(s) = \frac{Y(s)}{U(s)} = \frac{1}{s(s+1)}$$

其状态空间表达为

$$\begin{bmatrix} \dot{x}_1(t) \\ \dot{x}_2(t) \end{bmatrix} = \begin{bmatrix} -1 & 0 \\ 1 & 0 \end{bmatrix} \begin{bmatrix} x_1(t) \\ x_2(t) \end{bmatrix} + \begin{bmatrix} 1 \\ 0 \end{bmatrix} u(t)$$

$$y(t) = \begin{bmatrix} 0 & 1 \end{bmatrix} \begin{bmatrix} x_1(t) \\ x_2(t) \end{bmatrix}$$

$$\begin{bmatrix} \dot{x}_1(t) \\ \dot{x}_2(t) \end{bmatrix} = \begin{bmatrix} -1 & 0 \\ 1 & 0 \end{bmatrix} \begin{bmatrix} x_1(t) \\ x_2(t) \end{bmatrix} + \begin{bmatrix} 1 \\ 0 \end{bmatrix} u(t)$$

$$y(t) = \begin{bmatrix} 0 & 1 \end{bmatrix} \begin{bmatrix} x_1(t) \\ x_2(t) \end{bmatrix}$$

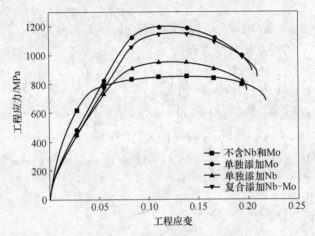

图 3-9　例 3-5 期望极点位置图

用拉氏变换的方法来建立连续时间状态空间系统的离散模型

因为

$$(s\boldsymbol{I} - \boldsymbol{A})^{-1} = \left[\begin{pmatrix} s & 0 \\ 0 & s \end{pmatrix} - \begin{pmatrix} -1 & 0 \\ 1 & 0 \end{pmatrix} \right]^{-1} = \begin{bmatrix} s+1 & 0 \\ -1 & s \end{bmatrix}^{-1}$$

$$= \frac{1}{s(s+1)} \begin{bmatrix} s & 0 \\ 1 & s+1 \end{bmatrix} = \begin{bmatrix} \dfrac{1}{s+1} & 0 \\ \dfrac{1}{s(s+1)} & \dfrac{1}{s} \end{bmatrix}$$

$$\mathbf{e}^{At} = \boldsymbol{L}^{-1} \begin{bmatrix} \dfrac{1}{s+1} & 0 \\ \dfrac{1}{s(s+1)} & \dfrac{1}{s} \end{bmatrix} = \begin{bmatrix} \mathbf{e}^{-t} & 0 \\ 1 - \mathbf{e}^{-t} & 1 \end{bmatrix}$$

所以

$$\boldsymbol{\Phi} = \mathbf{e}^{AT} = \begin{bmatrix} \mathbf{e}^{-T} & 0 \\ 1 - \mathbf{e}^{-T} & 1 \end{bmatrix}$$

$$\boldsymbol{\Gamma} = \int_0^T \mathbf{e}^{A\tau} \boldsymbol{B} \mathrm{d}\tau = \int_0^T \begin{bmatrix} \mathbf{e}^{-\tau} & 0 \\ 1 - \mathbf{e}^{-\tau} & 1 \end{bmatrix} \begin{bmatrix} 1 \\ 0 \end{bmatrix} \mathrm{d}\tau = \int_0^T \begin{bmatrix} \mathbf{e}^{-\tau} \\ 1 - \mathbf{e}^{-\tau} \end{bmatrix} \mathrm{d}\tau = \begin{bmatrix} 1 - \mathbf{e}^{-T} \\ T - 1 + \mathbf{e}^{-T} \end{bmatrix}$$

因此，系统的离散模型为

$$\begin{bmatrix} x_1(k+1) \\ x_2(k+1) \end{bmatrix} = \begin{bmatrix} e^{-T} & 0 \\ 1-e^{-T} & 1 \end{bmatrix} \begin{bmatrix} x_1(k) \\ x_2(k) \end{bmatrix} + \begin{bmatrix} 1-e^{-T} \\ T-1+e^{-T} \end{bmatrix} u(k)$$

$$y(k) = \begin{bmatrix} 0 & 1 \end{bmatrix} \begin{bmatrix} x_1(k) \\ x_2(k) \end{bmatrix}$$

设状态反馈为

$$\boldsymbol{u}(k) = -K\boldsymbol{x}(k) = -k_1 x_1(k) - k_2 x_2(k)$$

代入式（3-14），可得系统特征方程

$$|z\boldsymbol{I} - \boldsymbol{\Phi} + \boldsymbol{\Gamma K}| = \left| \begin{bmatrix} z & 0 \\ 0 & z \end{bmatrix} - \begin{bmatrix} e^{-T} & 0 \\ 1-e^{-T} & 1 \end{bmatrix} + \begin{bmatrix} 1-e^{-T} \\ T-1+e^{-T} \end{bmatrix} \begin{bmatrix} k_1 & k_2 \end{bmatrix} \right|$$

$$= \left| \begin{bmatrix} z + (-e^{-T})k_1 - e^{-T} & (1-e^{-T})k_2 \\ (T-1+e^{-T})k_1 - (1-e^{-T}) & z + (T-1+e^{-T})k_2 - 1 \end{bmatrix} \right|$$

$$= z^2 + [(1-e^{-T})k_1 + (T-1+e^{-T})k_2 - (1+e^{-T})]z - (1-e^{-T})k_1 + (1-e^{-T}-Te^{-T})k_2 + e^{-T}$$

$$= 0$$

这里 $T = 1\text{s}$，因此

$$|z\boldsymbol{I} - \boldsymbol{\Phi} + \boldsymbol{\Gamma K}|$$

$$= z^2 + [(1-e^{-1})k_1 + (1-1+e^{-1})k_2 - (1+e^{-1})]z - (1-e^{-1})k_1 + (1-e^{-1}-1e^{-1})k_2 + e^{-1}$$

$$= z^2 + [(1-0.368)k_1 + 0.368k_2 - (1+0.368)]z -$$

$$(1-0.368)k_1 + (1-2 \times 0.368)k_2 + 0.368$$

$$= z^2 + (0.632k_1 + 0.368k_2 - 1.368)z - 0.632k_1 + 0.264k_2 + 0.368 \tag{3-17}$$

比较式（3-16）与式（3-17）同次幂的系数有

$$0.632k_1 + 0.368k_2 - 1.368 = -0.786$$

$$-0.632k_1 + 0.264k_2 + 0.368 = 0.368$$

解其可得

$$k_1 = 0.385, \ k_2 = 0.921$$

当初始条件 $x(0) = \begin{bmatrix} 0 & 1 \end{bmatrix}^{\text{T}}$ 和 $r = 0$ 时，机器臂系统的状态与控制输出仿真曲线如图 3-10 所示。

    该闭环控制系统的硬件实现可用如图 3-11 所示的配置方案，图 3-11a 中，对输出变量 $y(t)$，也即 $x_2(t)$ 的检测采用位置传感器，而对状态变量 $x_1(t)$ 的检测则需采用速度传感器。图 3-11a 中假设了位置传感器与速度传感器的增益为 1。而在实际应用中，这些传感器的增益都不会是 1。假如位置传感器的增益为 H_p，速度传感器的增益为 H_v，这时状态反馈应配置为

$$H_\text{p}k_{1\text{a}} = 0.385, \ H_\text{v}k_{2\text{a}} = 0.921$$

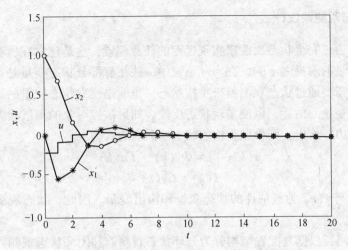

图 3-10　例 3-5 预估观测器系统状态响应图

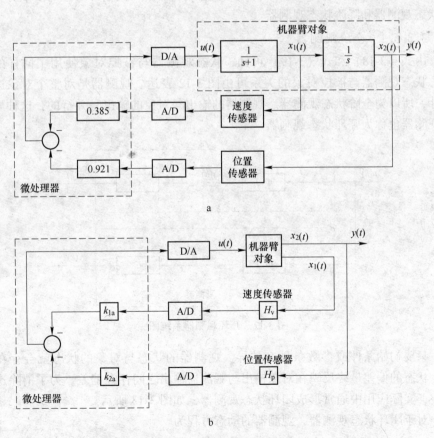

a

b

图 3-11　例 3-5 闭环控制系统硬件配置图

3.3.5 状态观测器设计

系统可通过完全状态反馈来实现极点的任意配置，这是建立在所有状态变量均能直接测量的前提之下的。在实际系统中，往往有部分状态变量是难以直接测量的，这就需要通过状态观测器来重构状态，也就是建立状态变量的算法模型来实现对状态变量的估计，以便实现状态反馈。如果被控对象的离散状态空间表达式由式（3-10）给出，则模型重构的状态空间表达式为

$$\hat{x}(k+1) = \boldsymbol{\Phi}\hat{x}(k) + \boldsymbol{\Gamma}u(k) \tag{3-18}$$

$$\hat{y}(k) = \boldsymbol{C}\hat{x}(k) \tag{3-19}$$

式中，$\hat{x}(k)$ 与 $\hat{y}(k)$ 为被估计的状态变量和输出变量。因此，状态观测器也称为状态估计器。

状态观测器根据其配置结构分为开环状态观测器和闭环状态观测器。根据其估计的时刻分为预估状态观测器和现时状态观测器。根据估计对象的阶数分为全阶状态观测器和降阶状态观测器。

3.3.5.1 全阶观测器

由式（3-18）和式（3-19）可知，状态观测器与被控对象使用了同样的输入，状态观测器与被控对象的关系可由图 3-12 表达。观测器是对整个对象进行估计，所以为全阶状态观测器。观测器的输出与对象的输出是并行的，这种配置的观测器也称为开环状态观测器。

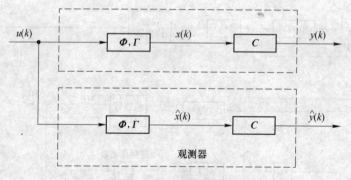

图 3-12　开环观测器系统图

只要初始条件或参数条件有差异，观测器的状态与对象的状态就会存在偏差，状态的偏差最终反映在对象输出与观测器输出之间存在偏差。为了消除这种偏差，实际应用中通常形成闭环状态观测器，如图 3-13 所示。

对于闭环状态观测器，观测器的动态方程为

$$\hat{x}(k+1) = \boldsymbol{\Phi}\hat{x}(k) + \boldsymbol{\Gamma}u(k) + \boldsymbol{L}[y(k) - \boldsymbol{C}\hat{x}(k)] \tag{3-20}$$

在式（3-20）中，只要使 $y(k) - \hat{y}(k)$ 尽快趋于零，就可使误差 $x(k) - \hat{x}(k)$

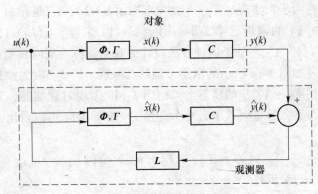

图 3-13　闭环观测器系统图

最终趋于零。通常称式（3-20）表达的观测器为预报观测器，这是因为估计 $\hat{x}(k+1)$ 要比测量 $y(k)$ 提前一个周期。换句话说，就是观测器的状态 $\hat{x}(k)$ 是在对 $y(k-1)$ 及以往所有输出向量和 $u(k-1)$ 及以往所有控制向量进行测量后得到的。假设对象的状态与观测器的状态之间的误差为 $\hat{x}$，即

$$\tilde{x}(k) = x(k) - \hat{x}(k) \tag{3-21}$$

于是

$$\tilde{x}(k+1) = \boldsymbol{\Phi}\tilde{x}(k) \tag{3-22}$$

由式（3-10）、式（3-20）～式（3-22）有

$$\tilde{x}(k+1) = [\boldsymbol{\Phi} - \boldsymbol{LC}]\tilde{x}(k) \tag{3-23}$$

式（3-23）说明只要合理的选择反馈向量 $\boldsymbol{L}$，总可以使误差收敛到零。对式（3-23）做 z 变换并进一步整理有

$$[z\boldsymbol{I} - \boldsymbol{\Phi} + \boldsymbol{LC}]\tilde{x}(z) = 0 \tag{3-24}$$

而

$$|z\boldsymbol{I} - \boldsymbol{\Phi} + \boldsymbol{LC}| = 0 \tag{3-25}$$

为观测器的特征方程。由式（3-24）和式（3-25）可知，对象与观测器状态之间的误差取决于 $\boldsymbol{\Phi}$、$\boldsymbol{C}$ 和 $\boldsymbol{L}$。在对象特性确定的情况下，设计观测器就是选择向量 $\boldsymbol{L}$，使特征方程式（3-25）的特征值，也即观测器的极点位于 z 平面上相应的位置，使对象与观测器状态之间的误差收敛于零。

可以采取类似于设计控制率的方法来选择 $\boldsymbol{L}$。如果给定观测器在 z 平面上根的位置，则 $\boldsymbol{L}$ 可以唯一的确定。所选取的观测器特征方程的特征期望值，即观测器在 z 平面上根的位置，应使得状态观测器的响应速度比闭环系统的响应速度快 2～6 倍。

另一种不同的构造状态观测器的方法是使用 $y(k)$ 来估计 $\hat{x}(k)$。这可以通过

将观测过程分为两步来实现。第一步，先求取 $z(k+1)$，它是在 $\hat{x}(k)$ 和 $u(k)$ 的基础上对 $x(k+1)$ 的逼近。第二步，用 $y(k+1)$ 来修正 $z(k+1)$，修正后的 $z(k+1)$ 作为 $x(k+1)$。基于这种方法设计的观测器称为现时观测器。对于现时观测器可以通过如图 3-14 所示的框图来理解其原理。图 3-14a 为预报观测器，其修正向量反馈到 $(k+1)$ 步的状态上。而图 3-14b 为现时观测器，其修正向量反馈到 k 步的状态上，并且引入了另一个变量 z。如图 3-14 可以看出，其现时观测器方程为

$$\hat{x}(k) = z(k) + L[y(k) - Cz(k)]$$

将上式移至 $(k+1)$ 步有

$$\hat{x}(k+1) = z(k+1) + L[y(k+1) - Cz(k+1)] \tag{3-26}$$

另外

$$z(k+1) = \boldsymbol{\Phi}\hat{x}(k) + \boldsymbol{\Gamma}u(k) \tag{3-27}$$

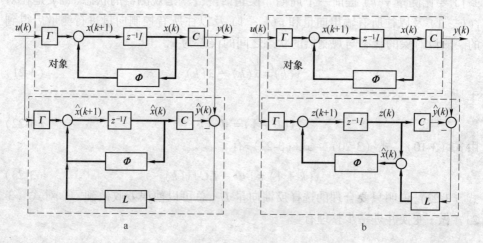

图 3-14   观测器原理图

a—预报观测器；b—现时观测器

式 (3-27) 与式 (3-21) 和式 (3-22) 一样先求取其误差。

$x(k+1) = x(k+1) - \hat{x}(k+1)$

$\qquad = \boldsymbol{\Phi}x(k) + \boldsymbol{\Gamma}u(k) - \{z(k+1) + L[y(k+1) - Cz(k+1)]\}$

$\qquad = \boldsymbol{\Phi}x(k) + \boldsymbol{\Gamma}u(k) - \{\boldsymbol{\Phi}\hat{x}(k) + \boldsymbol{\Gamma}u(k) + L[Cx(k+1) - C(\boldsymbol{\Phi}\hat{x}(k) + \boldsymbol{\Gamma}u(k))]\}$

$\qquad = \boldsymbol{\Phi}x(k) + \boldsymbol{\Gamma}u(k) - \{\boldsymbol{\Phi}\hat{x}(k) + \boldsymbol{\Gamma}u(k) + L[C(\boldsymbol{\Phi}x(k) + \boldsymbol{\Gamma}u(k)) - C(\boldsymbol{\Phi}\hat{x}(k) + \boldsymbol{\Gamma}u(k))]\}$

$\qquad = (\boldsymbol{\Phi} - LC\boldsymbol{\Phi})[x(k) - \hat{x}(k)]$

$\qquad = (\boldsymbol{\Phi} - LC\boldsymbol{\Phi})\tilde{x}(k)$

将上式如同式 (3-24) 一样处理，可得

$$[zI - \boldsymbol{\Phi} + LC\boldsymbol{\Phi}]\tilde{x}(z) = 0 \tag{3-28}$$

同样

$$|zI - \boldsymbol{\Phi} + LC\boldsymbol{\Phi}| = 0 \qquad (3\text{-}29)$$

为现时观测器的特征方程。由式（3-28）和式（3-29）可知，对象与观测器状态之间的误差取决于 $\boldsymbol{\Phi}$、$\boldsymbol{C}$ 和 $\boldsymbol{L}$。在对象特性确定的情况下，设计观测器就是选择向量 L，使特征方程式（3-29）的特征值，也即观测器的极点位于 z 平面上相应的位置，使对象与观测器状态之间的误差收敛于零。

【例 3-6】 对于例 3-5 的机器臂系统，设计预报观测器和现时观测器。这里同样取采样周期 $T = 1\text{s}$。

解 在例 3-5 中，由设计指标有 $r = 0.606$。这里取状态观测器的响应速度比闭环系统的响应速度快 2 倍，即 $r' = r^2 = 0.606^2 \approx 0.37$。所以选择 $z = 0.25 \pm \text{j}0.25$。这是由于

$$\sqrt{0.25^2 + 0.25^2} = 0.35 \approx r'$$

因此，观测器在 z 平面上根的位置为

$$(z + 0.25 + \text{j}0.25)(z + 0.25 - \text{j}0.25) = z^2 + 0.5z + 0.125 \qquad (3\text{-}30)$$

预报观测器的特征方程由式（3-25）给出。

$$|zI - \boldsymbol{\Phi} + \boldsymbol{\Gamma K}|$$

$$= \left| \begin{bmatrix} z & 0 \\ 0 & z \end{bmatrix} - \begin{bmatrix} \text{e}^{-T} & 0 \\ 1 - \text{e}^{-T} & 1 \end{bmatrix} + \begin{bmatrix} l_1 \\ l_2 \end{bmatrix} \begin{bmatrix} 0 & 1 \end{bmatrix} \right|$$

$$= \left| \begin{bmatrix} z - \text{e}^{-T} & l_1 \\ -(1 - \text{e}^{-T}) & z - 1 + l_2 \end{bmatrix} \right|$$

$$= z^2 + (l_2 - 1 - \text{e}^{-T})z + (1 - \text{e}^{-T})l_1 - \text{e}^{-T}(l_2 - 1) = 0$$

这里 $T = 1\text{s}$，因此

$$z^2 + (l_2 - 1.368)z + 0.632l_1 - 0.368l_2 + 0.368 = 0 \qquad (3\text{-}31)$$

比较式（3-30）与式（3-31）同次幂的系数有

$$l_2 - 1.368 = 0.5$$

$$0.632l_1 - 0.368l_2 + 0.368 = 0.125$$

解其可得

$$l_1 = 0.703, \ l_2 = 1.868$$

现时观测器的特征方程由式（3-29）给出。

$$|zI - \boldsymbol{\Phi} + \boldsymbol{\Gamma K}|$$

$$= \left| \begin{bmatrix} z & 0 \\ 0 & z \end{bmatrix} - \begin{bmatrix} \text{e}^{-T} & 0 \\ 1 - \text{e}^{-T} & 1 \end{bmatrix} + \begin{bmatrix} l_1 \\ l_2 \end{bmatrix} \begin{bmatrix} 0 & 1 \end{bmatrix} \begin{bmatrix} \text{e}^{-T} & 0 \\ 1 - \text{e}^{-T} & 1 \end{bmatrix} \right|$$

$$= z^2 + [l_1(1 - \text{e}^{-T}) - \text{e}^{-T} + l_2 - 1]z + \text{e}^{-T} - l_2\text{e}^{-T} = 0$$

这里 $T = 1\text{s}$，因此

$$z^2 + (0.632l_1 + l_2 - 1.368)z - 0.368l_2 + 0.368 = 0 \qquad (3-32)$$

比较式（3-30）和式（3-32）同次幂的系数有

$$0.632l_1 + l_2 - 1.368 = 0.5$$

$$0.368 - 0.368l_2 = 0.125$$

解其可得

$$l_1 = 3.337, \quad l_2 = 0.660$$

3.3.5.2　降阶观测器

在上面介绍的全阶状态观测器中，如果有些状态变量可以测量，则与连续时间状态空间系统一样，对可以测量的状态变量不必再进行估计，只需对不可测量的状态变量进行估计，这就是降阶观测器。

在离散时间状态空间系统中，同样将状态向量分成两个部分，即 x_a 是可以直接测量的状态变量部分，而 x_b 是要进行估计的状态变量部分。参照式(3-10)，描述整个系统的状态方程变为

$$\begin{bmatrix} x_a(k+1) \\ x_b(k+1) \end{bmatrix} = \begin{bmatrix} \boldsymbol{\Phi}_{aa} & \boldsymbol{\Phi}_{ab} \\ \boldsymbol{\Phi}_{ba} & \boldsymbol{\Phi}_{bb} \end{bmatrix} \begin{bmatrix} x_a(k) \\ x_b(k) \end{bmatrix} + \begin{bmatrix} \boldsymbol{\Gamma}_a \\ \boldsymbol{\Gamma}_b \end{bmatrix} u(k) \qquad (3-33)$$

$$y(k) = \boldsymbol{C} \begin{bmatrix} x_a(k) \\ x_b(k) \end{bmatrix} \qquad (3-34)$$

描述要进行估计的状态变量部分为

$$x_b(k+1) = \boldsymbol{\Phi}_{bb}x_b(k) + \boldsymbol{\Phi}_{ba}x_a(k) + \boldsymbol{\Gamma}_b u(k) \qquad (3-35)$$

式中，$\boldsymbol{\Phi}_{ba}x_a(k) + \boldsymbol{\Gamma}_b u(k)$ 是已知的，因而可以认为是对 x_b 动态响应的输入。重新整理式（3-33）的 x_b 部分有

$$x_a(k+1) - \boldsymbol{\Phi}_{aa}x_a(k) - \boldsymbol{\Gamma}_a u(k) = \boldsymbol{\Phi}_{ab}x_b(k) \qquad (3-36)$$

式中，$x_a(k+1) - \boldsymbol{\Phi}_{aa}x_a(k) + \boldsymbol{\Gamma}_a u(k)$ 是已知的测量值。这样式（3-36）就将等式左边的测量值与等式右边的未知状态联系起来了。这里方程式（3-35）和式 (3-36) 与部分状态 x_b 之间的关系，和方程式（3-10）与全部状态 x 之间的关系是相同的。因此，为了得到所需的降阶估计器，可在全阶状态观测器方程中做以下替换。

$$x \leftarrow x_b$$

$$\boldsymbol{\Phi} \leftarrow \boldsymbol{\Phi}_{bb}$$

$$\boldsymbol{\Gamma}u(k) \leftarrow \boldsymbol{\Phi}_{ba}x_a(k) + \boldsymbol{\Gamma}_b u(k)$$

$$y(k) \leftarrow x_a(k+1) - \boldsymbol{\Phi}_{aa}x_a(k) + \boldsymbol{\Gamma}_b u(k)$$

$$\boldsymbol{C} \leftarrow \boldsymbol{\Phi}_{ab}$$

从而得到降阶观测器方程为

$$\hat{x}_b(k+1) = \boldsymbol{\Phi}_{bb}\hat{x}_b(k) + \boldsymbol{\Phi}_{ba}x_a(k) + \boldsymbol{\Gamma}_b u(k) +$$

$$L_r[x_a(k+1) - \boldsymbol{\Phi}_{aa}x_a(k) - \boldsymbol{\Gamma}_a u(k) - \boldsymbol{\Phi}_{ab}\hat{x}_b(k)] \qquad (3-37)$$

将式（3-35）减去式（3-37）可得出误差方程为

$$\hat{x}_b(k+1) = [\boldsymbol{\Phi}_{bb} - L\boldsymbol{\Phi}_{ab}]\hat{x}_b(k) \qquad (3-38)$$

这里降阶观测器的反馈矩阵 $\boldsymbol{L}$，可以完全按照前面的方法来选择，即

$$|zI - \boldsymbol{\Phi}_{bb} + L_r\boldsymbol{\Phi}_{ab}| = \alpha_e(z) \qquad (3-39)$$

式（3-39）也就是将其特征方程的根配置在需要的位置上（配置方法包括 3.4.1 节中介绍的系数匹配法、转移矩阵法、艾克曼公式法和 MATLAB 直接计算法等）。

3.3.6 带状态观测器的极点配置

依据控制系统和估计状态向量就可以组成一个完整的控制系统，如图 3-15a 所示。由于在设计控制率时假设反馈是真实的状态 $x(k)$，而不是 $\hat{x}(k)$，因此必须考察采用 $\hat{x}(k)$ 反馈时会对系统的动态性能产生什么样的影响。

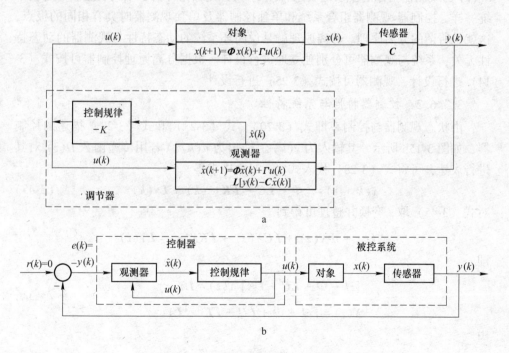

图 3-15 观测器与控制器的结构图

3.3.6.1 分离定理

如图 3-15a 和式（3-12）有

$$x(k + 1) = \boldsymbol{\Phi}x(k) - \boldsymbol{\Gamma}K\hat{x}(k) \tag{3-40}$$

根据式 (3-21)，可以用状态误差来表达式 (3-40)。

$$x(k + 1) = \boldsymbol{\Phi}x(k) - \boldsymbol{\Gamma}K[x(k) - \tilde{x}(k)] \tag{3-41}$$

将式 (3-41) 与观测器误差方程 (3-23) 合并，可得到两个描述整个系统性能的耦合方程

$$\begin{bmatrix} \tilde{x}(k + 1) \\ x(k + 1) \end{bmatrix} = \begin{bmatrix} \boldsymbol{\Phi} - LC & 0 \\ \boldsymbol{\Gamma}K & zI - \boldsymbol{\Phi} - \boldsymbol{\Gamma}K \end{bmatrix} = 0 \tag{3-42}$$

对式 (3-42) 做 z 变换，可得其特征方程为

$$\begin{vmatrix} zI - \boldsymbol{\Phi} - LC & 0 \\ \boldsymbol{\Gamma}K & zI - \boldsymbol{\Phi} - \boldsymbol{\Gamma}K \end{vmatrix} = 0 \tag{3-43}$$

在式 (3-43) 的特征方程中，因为右上方为零矩阵，故上式可改写为

$$|zI - \boldsymbol{\Phi} - LC||zI - \boldsymbol{\Phi} - \boldsymbol{\Gamma}K| = \alpha_e(z)\alpha_c(z) = 0 \tag{3-44}$$

换言之，式 (3-42) 描述的系统的极点是由控制器极点和观测器极点组成的。$\alpha_e(z)$ 为观测器指标的多项式表达，$\alpha_c(z)$ 为控制器指标的多项式表达。与连续系统一样，控制器-观测器组合系统和单独控制器及单独观测器时具有相同的极点，这就是所谓的分离原理。分离原理就是说闭环系统的动态特性与观测器的动态特性无关，系统与观测器可分别独立地进行设计。根据分离原理控制器可按式 (3-14) 进行设计，观测器可按式 (3-25) 进行设计。

3.3.6.2 控制器特性与系统特性

由状态观测器与控制率即式 (3-20)、式 (3-23) 和式 (3-28) 描述的控制器，如图 3-15b 所示，其输入为 $y(k)$，输出为 $u(k)$，若用传递函数 $D(z)$ 对其进行表达，可将式 (3-28) 代入式 (3-23) 中求得

$$\hat{x}(k + 1) = [\boldsymbol{\Phi} - LC - \boldsymbol{\Gamma}K]\hat{x}(k) + Ly(k) \tag{3-45}$$

对式 (3-45) 取 z 变换并整理可得到

$$z\hat{X}(z) - \boldsymbol{\Phi}\hat{X}(z) + LC\hat{X}(z) + \boldsymbol{\Gamma}K\hat{X}(z) = LY(z)$$

即

$$[zI - \boldsymbol{\Phi} + LC + \boldsymbol{\Gamma}K]\hat{X}(z) = LY(z)$$

$$\hat{X}(z) = [zI - \boldsymbol{\Phi} + LC + \boldsymbol{\Gamma}K]^{-1}LY(z) \tag{3-46}$$

由

$$U(z) = -K\hat{X}(z)$$

有

$$U(z) = -K[zI - \boldsymbol{\Phi} + LC + \boldsymbol{\Gamma}K]^{-1}LY(z) \tag{3-47}$$

由式 (3-47) 可得控制器的离散传递函数为

$$D(z) = -\frac{U(z)}{Y(z)} = K \left[zI - \Phi + LC + \Gamma K \right]^{-1} L \tag{3-48}$$

系统对象的离散传递函数即

$$G(z) = \frac{Y(z)}{U(z)} = C \left(zI - \Phi \right)^{-1} \Gamma \tag{3-49}$$

这样闭环系统的特征方程 $1 + D(z) G(z) = 0$ 可写为

$$1 + \left[K (zI - \Phi + LC + \Gamma K)^{-1} L \right] \left[C (zI - \Phi)^{-1} \Gamma \right] = 0 \tag{3-50}$$

式（3-50）也就是控制器特性与系统特性之间的关系。

3.3.6.3 带状态观测器的离散系统极点配置

从如图 3-15a 所示的系统可以看出，基于观测器设计的控制器也可以表达为如图 3-15b 所示的情形，而将图 3-15b 与图 3-1b 比较可以发现，图 3-15b 左边虚线框内的控制器部分相当于经典传递函数方法设计的控制器（补偿器）。有时也将这种控制器称为状态空间设计的补偿器。这是因为可以在观测器方程中加入控制反馈得到，即

$$\hat{x}(k + 1) = \left[\Phi - \Gamma K - LC \right] \hat{x}(k) + Ly(k)$$
$$u(k) = -K\hat{x}(k) \tag{3-51}$$

控制器本身的极点可按下式求得

$$\left| zI - \Phi + LC + \Gamma K \right| = 0 \tag{3-52}$$

而不必在状态空间设计中确定。

上面介绍的控制器和观测器特征方程根的位置，实际上也就是闭环系统的极点。这样传递函数设计方法的性能指标同样可以用来帮助选择控制器与观测器根的位置。在工程实践中比较方便的做法是，首先选择控制器根的位置，以满足性能指标和执行机构的限制，然后选择观测器的根使它比控制器的根所对应的运动模态有更快的衰减速度（一般选择快 2~6 倍）。因此，系统总的响应是由系统中较慢的控制极点的响应来决定的。观测器的快速根意味着观测器的状态能迅速的收敛到正确值。观测器响应速度的上限一般由噪声抑制特性和对系统模型误差的灵敏度所决定。

【例 3-7】 对于机器臂系统，即 $G(s) = 1/[s(s + 1)]$，按照指标 $\zeta = 0.5$ 和 $\omega_n = 1$ 的指标要求，取 $T = 1s$，用状态反馈方法来设计闭环调速系统。

解 带观测器与状态反馈的闭环调节系统可如图 3-15b 所示。根据分离定理，系统与观测器可分别独立地进行设计，即控制器可按式（3-14）进行设计，观测器可按式（3-25）进行设计。在例 3-5 中已经设计好了反馈控制率 $k_1 = 0.385$，$k_2 = 0.921$。接下来需要设计观测器。

设计观测器时首先需要确定观测器根的位置。由控制指标有 $r = 0.606$，这里取状态观测器的响应速度比闭环系统的响应速度快 4 倍，即 $r' = r^4 = 0.606^4 \approx$

0.1353。为了简单起见，可设观测器根为实极点，即 $p = 0.1353$。对于预报全阶观测器，其希望的观测器状态方程为

$$(z - p)^2 = (z - 0.1353)^2 = z^2 - 0.27z + 0.0183 = 0$$

按照例 3-5 的方法比较式 (3-32) 和上式的同次幂的系数有

$$l_2 - 1.368 = 0.27$$

$$0.632l_1 - 0.368l_2 + 0.368 = 0.0183$$

解其可得

$$l_1 = 0.086, \ l_2 = 1.098$$

由式 (3-32) 可得预报观测器为

$$
\begin{aligned}
\hat{x}(k+1) &= \boldsymbol{\Phi}\hat{x}(k) + \boldsymbol{\Gamma}u(k) + \boldsymbol{L}[y(k) - \boldsymbol{C}\hat{x}(k)] \\
&= [\boldsymbol{\Phi} - \boldsymbol{L}\boldsymbol{C}]\hat{x}(k) + \boldsymbol{\Gamma}u(k) + \boldsymbol{L}y(k) \\
&= \begin{bmatrix} 0.368 & -0.086 \\ 0.632 & -0.098 \end{bmatrix}\hat{x}(k) + \begin{bmatrix} 0.632 \\ 0.368 \end{bmatrix}u(k) + \begin{bmatrix} 0.086 \\ 1.098 \end{bmatrix}y(k)
\end{aligned}
$$

由式 (3-48) 求取数字控制器的离散传递函数，首先有

$$[z\boldsymbol{I} - \boldsymbol{\Phi} + \boldsymbol{L}\boldsymbol{C} + \boldsymbol{\Gamma}\boldsymbol{K}] = \begin{bmatrix} z - 0.1247 & 0.668 \\ -0.49 & z + 0.436 \end{bmatrix}$$

$$[z\boldsymbol{I} - \boldsymbol{\Phi} + \boldsymbol{L}\boldsymbol{C} + \boldsymbol{\Gamma}\boldsymbol{K}]^{-1} = \frac{1}{z^2 + 0.31z + 0.273}\begin{bmatrix} z + 0.436 & -0.668 \\ 0.49 & z - 0.1247 \end{bmatrix}$$

因此

$$D(z) = -\frac{U(z)}{Y(z)} = \boldsymbol{K}[z\boldsymbol{I} - \boldsymbol{\Phi} + \boldsymbol{L}\boldsymbol{C} + \boldsymbol{\Gamma}\boldsymbol{K}]^{-1}\boldsymbol{L}$$

$$= [0.385 \quad 0.921]\begin{bmatrix} \dfrac{z + 0.436}{z^2 + 0.31z + 0.273} & \dfrac{-0.668}{z^2 + 0.31z + 0.273} \\ \dfrac{0.49}{z^2 + 0.31z + 0.273} & \dfrac{z - 0.1247}{z^2 + 0.31z + 0.273} \end{bmatrix}\begin{bmatrix} 0.086 \\ 1.098 \end{bmatrix}$$

解其可得

$$D(z) = \frac{1.043z - 0.355}{z^2 + 0.31z + 0.273}$$

接下来考虑一下闭环系统的特征方程 $1 + D(z)G(z) = 0$，即式 (3-50)，首先求得

$$(z\boldsymbol{I} - \boldsymbol{\Phi})^{-1} = \frac{1}{z^2 - 1.368z + 0.368}\begin{bmatrix} z - 1 & 0 \\ 0.632 & z - 0.368 \end{bmatrix}$$

因此

$$G(z) = \boldsymbol{C}(z\boldsymbol{I} - \boldsymbol{\Phi})^{-1}\boldsymbol{\Gamma} = \frac{0.368z + 0.264}{z^2 - 1.368z + 0.368}$$

闭环系统特征方程为

$$1 + D(z)G(z)$$

$$= 1 + [K(zI - \Phi + LC + \Gamma K)^{-1}L][C(zI - \Phi)^{-1}\Gamma]$$

$$= 1 + \frac{1.043z - 0.355}{z^2 + 0.31z + 0.273}\frac{0.368z + 0.264}{z^2 - 1.368z + 0.368}$$

$$= \frac{z^4 - 1.056z^3 + 0.568z^2 - 0.114z + 0.006}{(z^2 + 0.31z + 0.273)(z^2 - 1.368z + 0.368)} = 0$$

由上述特征方程可以看出，其特征根为 0.2375，0.0804，0.3690±j0.4220，均在单位圆内，故控制系统是稳定的。

设计的具有预报二阶观测器和状态反馈构成的调节系统，其状态与重构的状态如图 3-16a 和图 3-16b 所示。由图可见，在 1~2 个采样周期内，状态观测器即可跟上系统。

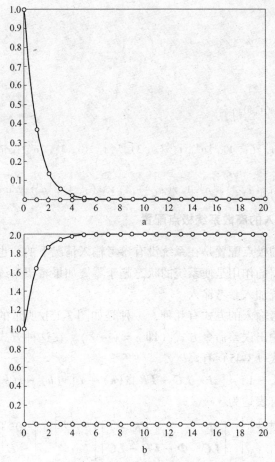

图 3-16　有预报观测器的系统状态响应图

本题 MATLAB 仿真程序如下:

```
Ts=1;
A=[0.368 0;0.6321];
B=[0.632 0.368]';
C=[0 1];D=0;
G=ss(A,B,C,D,Ts);
L=[0.385 0.921];
K=[0.086 1.097]';
A_oc=A-B*L-K*C;
Goc=ss(A_oc,-K,-L,0,Ts);
Gol=G*Goc;
Gcl=feedback(Gol,1-1);
lfg=dcgain(Gcl);
N=1/lfg;
T_ref=N*Gcl;
t=[0:Ts:20];
r=0*t;
z0=[1 1 0 0]';
[y,t,z]=lsim(T_ref,r,t,z0);
figure(1)
plot(t,z(:,1),",t,z(:,1),'o',t,z(:,3),",t,z(:,3),'o');grid on
figure(2)
plot(t,z(:,2),",t,z(:,2),'o',t,z(:,4),",t,z(:,4),'o');grid on
```

3.3.7　带参考输入的离散系统极点配置

上节中讨论的极点配置是在系统没有参考输入情况下的，也就是说，在系统出现扰动时调节器的作用是使系统的状态趋于零。如果希望系统具备伺服控制的功能，则需对系统加入参考输入。

系统加入参考输入的方式有几种，一种是如图 3-15b 所示的加入方式。这种加入方式也称为输出误差命令方式（即 $e=y-r$）。在这种方式中，调节器是位于前馈通道。由式（3-45）有

$$\hat{x}(k+1)=[zI-LC-\Gamma K]\hat{x}(k)+L[y(k)-r(k)] \tag{3-53}$$

此时系统的响应可表达为

$$\begin{bmatrix} x(k+1) \\ \tilde{x}(k+1) \end{bmatrix}=\begin{bmatrix} \boldsymbol{\Phi} & -\boldsymbol{\Gamma K} \\ \boldsymbol{LC} & \boldsymbol{\Phi}-\boldsymbol{\Gamma K}-\boldsymbol{LC} \end{bmatrix}\begin{bmatrix} x(k) \\ \tilde{x}(k) \end{bmatrix}+\begin{bmatrix} 0 \\ -\boldsymbol{L} \end{bmatrix}r(k) \tag{3-54}$$

值得注意的是，这种加入参考输入的方式，参考输入只加到了观测器上。因

此，对象与观测器所接受的指令是不同的，观测器有可能存在观测误差。

另一种加入参考输入的方式是通过一个线性项 K_r 将参考输入同时引入观测器和对象中，如图 3-17 所示。在这种方式中，调节器是位于反馈通道。

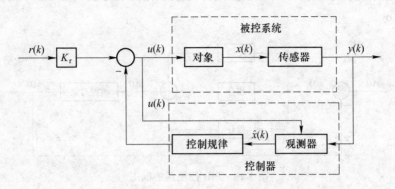

图 3-17　带参考输入的闭环控制系统图

另外，在伺服系统中，通常需要一个或多个积分器，以消除对阶跃输入的稳态误差，如图 3-18 所示。如果系统性能指标给定，线性项 K_r 和控制率 K 即可求出，求取方法这里不予介绍，有兴趣的读者可查阅相关书籍。

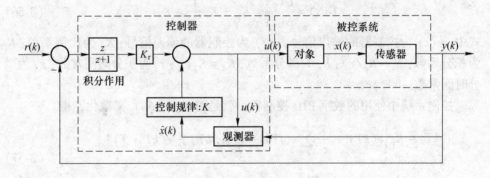

图 3-18　带积分作用参考输入的闭环控制系统图

3.4　数字 PID 控制算法

3.4.1　数字 PID 控制器的基本表达式

PID 控制器是连续控制系统中非常成熟的技术，在工业生产中有着广泛的应用。PID 控制器已形成典型的结构，且参数的整定很方便，结构改变非常灵活，适应性很强。随着数字控制技术在工业生产中的广泛应用，连续信号的 PID 控制器，现已基本上转变成了数字 PID 控制器。

3.4.1.1   数字 PID 控制器的实现

知道了 PID 控制器如何数字化，如何实现 P、PI、PD 等控制器也就一目了然了，因此，本节将介绍 PID 控制器的数字化实现方法。设 PID 控制器如图 3-19 所示。

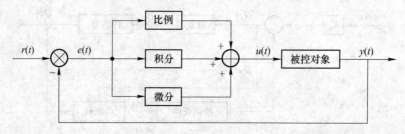

图 3-19   PID 控制器的框图

控制器的输出和输入之间为比例-积分-微分关系，即

$$u(t) = K_p \left[e(t) + \frac{1}{\tau_i} \int_0^t e(t)\,\mathrm{d}t + \tau_d \frac{\mathrm{d}e(t)}{\mathrm{d}t} \right] \tag{3-55}$$

若以传递函数的形式表示，则为

$$G(s) = \frac{U(s)}{E(s)} = K_p + K_i \frac{1}{s} + K_d s \tag{3-56}$$

式中，$u(t)$ 为控制器的输出信号；$e(t)$ 为控制器的偏差信号；K_p 为比例系数；K_i 为积分系数，$K_i = K_p/\tau_i$；K_d 为微分系数，$K_d = K_p \tau_d$；τ_i 为积分时间常数；τ_d 为微分时间常数。

控制系统中使用的数字 PID 控制器，就是对式（3-56）离散化，得

$$u(kT) = K_p \left\{ e(kT) + \frac{T}{\tau_i} \sum_{j=0}^k e(jT) + \frac{\tau_d}{T} \left[e(kT) - e(kT - T) \right] \right\}$$

$$\tag{3-57}$$

$$= K_p e(kT) + K_i' \sum_{j=0}^k e(jT) + K_d' \left[e(kT) - e(kT - T) \right]$$

式中，T 为采样周期，显然要保证系统有足够的控制精度，在离散化过程中，采样周期 T 必须足够短；K_i' 为采样后的积分系数，$K_i' = K_p T/\tau_i$；K_d' 为采样后的微分系数，$K_d' = K_p \tau_d/T$。式（3-57）也称作位置式 PID 控制器，其算法实现流程图，如图 3-20 所示。其特点是控制器的输出 $u(kT)$ 跟过去的状态有关，系统运算工作量大，需要对 $e(kT)$ 作累加，这样会造成误差积累，影响控制系统的性能。

目前，实际系统中应用比较广泛的是增量式 PID 控制器。所谓增量式 PID 控制器是对位置式 PID 控制器的式（3-57）取增量，数字控制器的输出只是增量 $\Delta u(kT)$。

$$\Delta u(kT) = K_p \big[e(kT) - e(kT - T) \big] + K'_i e(kT) +$$

$$K'_d \big[e(kT) - 2e(kT - T) + e(kT - 2T) \big] \qquad (3\text{-}58)$$

增量式 PID 控制器算法（见图 3-20 和图 3-21）和位置式 PID 控制器算法本质上并无大的差别，但这一点算法上的改动，却带来了不少优点：

（1）数字控制器只输出增量，当控制芯片误动作时，$\Delta u(kT)$ 虽有可能较大幅度变化，但对系统的影响比位置式 PID 控制器小，因此 $u(kT)$ 的大幅度变化有可能会严重影响系统运行。

（2）算式中不需要作累加，增量只跟最近的几次采样值有关，容易获得较好的控制效果。由于式中无累加，消除了当偏差存在时发生饱和的危险。

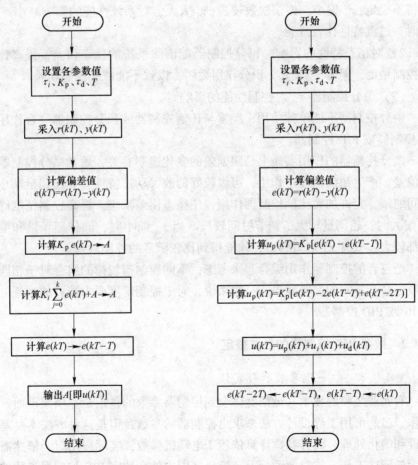

图 3-20　位置式 PID 控制器算法实现流程　　图 3-21　增量式 PID 控制器算法实现流程

3.4.1.2   PID 控制器参数对控制性能的影响

（1）比例控制器 K_p 对系统性能的影响。

1）对动态特性的影响。比例控制器 K_p 加大，使系统的动作灵敏，速度加快；K_p 偏大，振荡次数增多，调节时间增长；当 K_p 太大时，系统会趋于不稳定。当 K_p 太小时，又会使系统的动作缓慢。

2）对稳态特性的影响。加大比例控制器 K_p，在系统稳定的情况下，可以减小稳态误差，提高控制精度，但加大 K_p 只减小误差，却不能完全消除稳态误差。

（2）积分控制器 τ_i 对控制性能的影响。

积分控制器通常与比例控制器或微分控制器联合作用，构成 PI 或 PID 控制器。

1）对动态特性的影响。积分控制器通常使系统的稳定性下降，τ_i 太小，系统将不稳定；τ_i 偏小，振荡次数较多；τ_i 太大，对系统性能的影响减小。当 τ_i 合适时，过渡特性比较理想。

2）对稳态特性的影响。积分控制器能消除系统的稳态误差，提高控制系统的控制精度，但若 τ_i 太大，积分作用太弱，以致不能减小稳态误差。

（3）微分控制器 τ_d 对控制性能的影响。

微分控制器不能单独使用，经常与比例控制器或积分控制器联合作用，构成 PI 控制器或 PID 控制器。

微分控制器的作用实质上是跟偏差的变化速率有关，通常微分控制器能够预测偏差，产生超前的校正作用，可以较好的改善动态特性，如超调量减小，调节时间缩短，允许加大比例控制器作用，使稳态误差减小，提高控制精度等。但当 τ_d 偏大时，超调量较大，调节时间较长。当 τ_d 偏小时，同样超调量和调节时间也都较大，只有 τ_d 取得合适，才能得到比较满意的控制效果。

把三者的控制器作用综合起来考虑，不同控制器规律的组合对于相同的控制对象，会有不同的控制效果。一般来说，对于控制精度要求较高的系统，大多采用 PI 或 PID 控制器。

3.4.2   数字 PID 控制器的参数整定

3.4.2.1   归一化参数的整定法

有实践经验的技术人员都会体会到控制器参数的整定是一项繁琐而又费时的工作。虽然可用工程设计方法来求出控制器的参数，但是这种方法本身基于一些假设和简化处理，而且参数计算依赖于电动机参数，实际应用时，依然需要现场的大量调试工作。针对此种情况，近年来国内外在数字 PID 控制器参数的工程整定方面做了不少研究工作，提出了不少模仿模拟控制器参数整定的方法，如扩充临界比例度法、扩充响应曲线法、经验法、衰减曲线法等，都得到了一定的应用。这里介绍一种简易的整定方法——归一参数整定法。

由 PID 的增量算式 (3-58) 可知，控制器的参数整定，就是要确定 T、K_p、τ_i、τ_d 这 4 个参数，为了减小在线整定参数的数目，根据大量实际经验的总结，人为假设约束的条件，以减少独立变量的个数，整定步骤如下：

（1）选择合适的采样周期 T，控制器作纯比例 K_p 控制。

（2）逐渐加大比例系数 K_p，使控制系统出现临界振荡。由临界振荡过程求得响应的临界振荡周期 T_s。

（3）根据一定约束条件，例如取 $T \approx 0.1T_s$、$\tau_i \approx 0.125T_s$，相应的差分方程由式 (3-58) 变为

$$\Delta u(kT) = K_p[2.45e(kT) - 3.5e(kT - T) + 1.25e(kT - 2T)] \quad (3-59)$$

由式 (3-59) 可看出，对 4 个参数的整定简化成了对一个参数 K_p 的整定，使问题明显的简化了。应用约束条件，减少整定参数数目的归一参数整定法是有发展前途的，因为它不仅对数字 PID 控制器的整定有意义，而且对实现 PID 自整定系统也将带来许多方便。

3.4.2.2　变参数的 PID 控制器

电力拖动自动控制系统运行过程中不可预测的干扰很多，若只有一组固定的 PID 参数，要在各种负载或干扰以及不同转速情况下，都满足控制性能的要求是很困难的，因此必须设置多 PID 参数，当工况发生变化时，能及时改变 PID 参数以与其相适应，使过程控制性能最佳。目前可使用的有如下几种形式：

（1）对控制系统根据工况不同，采用几组不同的 PID 参数，以提高控制质量，控制过程中，要注意不同组参数在不同运行点下的平滑过渡。

（2）模拟现场操作人员的操作方法，把操作经验编制成程序，然后由控制软件自动改变给定值或 PID 参数。

（3）编制自动寻优程序，一旦工况变化，控制性能变坏，控制软件执行自动寻优程序，自动寻找合适的 PID 参数，以保证系统的性能处于良好的状态。

考虑到系统控制的实时性和方便性，第一种形式的变参数 PID 控制器应用比较多。自动寻优整定法涉及自动控制理论中最优控制方面的知识和理论。

3.5　控制算法的实现

在获得数字控制器 $D(z)$ 后，可以采用硬件电路或计算机软件来实现 $D(z)$。由于计算机的软件实现非常灵活和方便，除了在速度有特殊要求的场合使用外，目前绝大部分情况都是采用计算机软件来实现控制器 $D(z)$ 的控制算法。

根据控制器的 $D(z)$ 可以方便地得到相应的实现框图，由实现框图可得到控

制器的硬件电路和相应的算式，同一个 $D(z)$ 又可有多种实现框图，它们各有自己的特点。

3.5.1　实现框图与算法

3.5.1.1　实现框图

数字控制器的实现框图可用三种基本符号来表示，它们分别是乘法器、延迟器和加法器，如图 3-22 所示。它们也可与硬件部件相对应，其中乘法器、加法器完成数字的乘法和加法运算，延迟器可由一组 D 触发器或寄存器构成，延迟 1 个采样周期。

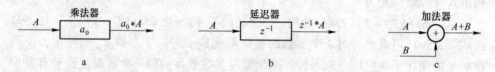

图 3-22　实现框图中的符号含义

数字控制器的 $D(z)$ 通常可写成如下形式：

$$D(z) = \frac{P(z)}{E(z)} = \frac{a_0 + a_1 z^{-1} + a_2 z^{-2} + \cdots + a_m z^{-m}}{b_0 + b_1 z^{-1} + b_2 z^{-2} + \cdots + b_n z^{-n}}$$

$$= \frac{\sum_{i=0}^{m} a_i z^{-i}}{1 + \sum_{j=1}^{n} b_j z^{-j}} = \frac{1}{1 + \sum_{j=1}^{n} b_j z^{-j}} \cdot \sum_{i=0}^{m} a_i z^{-i} \quad (n \geqslant m)$$

对应的差分方程为

$$p(k) + b_1 p(k-1) + b_2 p(k-2) + \cdots + b_n p(k-n)$$
$$= a_0 e(k) + a_1 e(k-1) + a_2 e(k-2) + \cdots + a_m e(k-m)$$

用计算机程序来求解上述差分方程的效率不高，它需要 $(1+n)+(1+m)$ 个存储单元来存放 $p(k) \sim p(k-n)$ 和 $e(k) \sim e(k-m)$ 个变量。

也可采用状态空间的形式来实现 $D(z)$。具体的实现框图有直接式 1 和直接式 2 之分，见图 3-23。图中有 $x1 \sim xn$ 个状态变量，直接式 1 的状态变量可从输出端观察到，这种实现方法也称可观型实现方法；直接式 2 的状态变量可从输入端来控制，这种实现方法也称可控型实现方法。

3.5.1.2　实现算法

有了 $D(z)$ 的实现框图，既可用硬件来实现，也可用软件来实现。根据实现框图，可以列出相应的状态方程和输出方程，然后可利用迭代法求解差分方程来实现相应的控制算法。下面举例来说明。

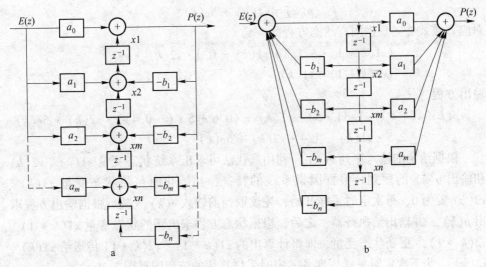

图 3-23　$D(z)$ 的实现框图

【例 3-8】 已知某数字控制器的 $D(z)$ 如下

$$D(z) = \frac{P(z)}{E(z)} = \frac{5 + 4z^{-1} + 0.6z^{-2}}{1 + 1.3z^{-1} + 0.4z^{-2}}$$

采用直接式 1 和直接式 2 的 $D(z)$ 实现框图（见图 3-24），列出相应的状态方程和输出方程。

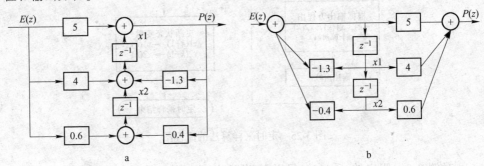

图 3-24　例 3-8 的直接式 1（a）和直接式 2（b）实现框图

解　根据实现框图可得相应的状态方程和输出方程，对应直接式 1 实现框图有状态方程

$$\begin{cases} x1(k+1) = (-1.3) \cdot x1(k) + x2(k) + (4 + 5(-1.3)) \cdot e(k) \\ \qquad\qquad = -1.3 \cdot x1(k) + x2(k) - 2.5e(k) \\ x2(k+1) = -0.4 \cdot x1(k) + (0.6 + 5 \cdot (-0.4))e(k) \\ \qquad\qquad = -0.4 \cdot x1(k) - 1.4e(k) \end{cases}$$

输出方程

$$p(k) = x1(k) + 5e(k)$$

对应直接式 2 实现框图有状态方程

$$\begin{cases} x1(k+1) = -1.3 \cdot x1(k) - 0.4 \cdot x2(k) + e(k) \\ x2(k+1) = x1(k) \end{cases}$$

输出方程

$$p(k) = (4 + (-1.3) \cdot 5) \cdot x1(k) + (0.6 + 5 \cdot (-0.4)) \cdot x2(k) + 5e(k)$$
$$= -2.5 \cdot x1(k) - 1.4 \cdot x2(k) + 5e(k)$$

根据给定的输入序列 $e(k)$，利用迭代法可求出系统状态变量 $x1(k)$、$x2(k)$ 和输出 $p(k)$ 的序列。根据因果系统的特征，初始化时可将状态变量 $x1(k)$、$x2(k)$ 置为 0，每次定时采样开始，先读取当前输入 $e(k)$，随后根据输出方程求出 $p(k)$，并输出给执行器，之后，根据状态方程求出新的状态变量 $x1(k+1)$、$x2(k+1)$，更新状态变量，即将计算出的 $x1(k+1)$、$x2(k+1)$ 传送给 $x1(k)$、$x2(k)$，为下次定时采样作准备，定时采样算法的流程图见图 3-25。

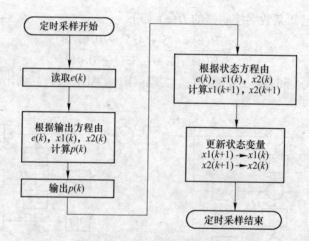

图 3-25　定时采样算法的流程图

对例 3-8，假定输入 $e(k)$ 是单位阶跃序列，则计算过程如表 3-1 和表 3-2 所示。

表 3-1　直接式 1 的迭代法求解过程

k	<0	0	1	2	3	4	…
$e(k)$	0	1	1	1	1	1	1
$x1(k)$	0	0	-2.5	-0.65	-2.055	-0.9685	…
$x2(k)$	0	0	-1.4	-0.4	-1.14	-0.578	…
$p(k)$	0	5	2.5	4.35	2.945	4.0315	…

表 3-2　直接式 2 的迭代法求解过程

k	<0	0	1	2	3	4	···
e(k)	0	1	1	1	1	1	1
x1(k)	0	0	1	−0.3	0.99	−0.167	···
x2(k)	0	0	0	1	−0.3	0.99	···
p(k)	0	5	2.5	4.35	2.945	4.0315	···

通过上面的例子，可发现，对同一 $D(z)$ 分别用直接式 1 和直接式 2 来实现对应的状态方程和输出方程也不一样，迭代求解过程中的状态变量取值也不一样，但在输入相同的 $e(k)$ 情况下，计算出的最终输出 $p(k)$ 是一致的。

3.5.2　串行实现与并行实现

当控制器的 z 阶较高时，采用直接式 1 或直接式 2 都会存在这样的问题，若控制器中某一系数存在误差，则有可能使控制器的多个或所有零极点产生较大偏差。为此，对 z 阶较高的控制器，可采用串行实现或并行实现，即将高阶的 $D(z)$ 分解为低阶的 $D(z)$，分解后的低阶控制器中任一系数有误差，通常不会使控制器所有的零极点产生变化。另外，采用串行实现或并行实现，有时还可使算式各系数的含义更易理解。

3.5.2.1　串行实现

串行实现也称串联实现，其原理是将控制器的 $D(z)$ 分解为若干低阶的 $D1(z)$、$D2(z)$、$D3(z)$、···，然后将它们串联起来，取代原来高阶的 $D(z)$，表达式如下

$$D(z) = \frac{P(z)}{E(z)} = \frac{a_0 + a_1 z^{-1} + a_2 z^{-2} + \cdots + a_m z^{-m}}{1 + b_1 z^{-1} + b_2 z^{-2} + \cdots + b_n z^{-n}}$$

$$= a_0 D_1(z) D_2(z) \cdots D_l(z) = a_0 \prod_{i=1}^{l} D_i(z)$$

其中

$$D_i = \frac{1 + \alpha_{i1} z^{-1}}{1 + \beta_{i1} z^{-1}} \quad \text{或} \quad D_i = \frac{1 + \alpha_{i1} z^{-1} + \alpha_{i2} z^{-2}}{1 + \beta_{i1} z^{-1} + \beta_{i2} z^{-2}}$$

【例 3-9】已知某数字控制器的 $D(z)$ 如下

$$D(z) = \frac{P(z)}{E(z)} = \frac{5 + 4z^{-1} + 0.6z^{-2}}{1 + 1.3z^{-1} + 0.4z^{-2}}$$

对 $D(z)$ 进行因式分解，可得

$$D(z) = \frac{P(z)}{E(z)} = \frac{5 + 4z^{-1} + 0.6z^{-2}}{1 + 1.3z^{-1} + 0.4z^{-2}} = 5 \cdot \frac{1 + 0.2z^{-1}}{1 + 0.5z^{-1}} \cdot \frac{1 + 0.6z^{-2}}{1 + 0.8z^{-2}}$$

因此，$D(z)$ 可看成三个环节串联而成，即 $D(z) = a0 \cdot D1(z) \cdot D2(z)$，其中

$$a0 = 5, \quad D1(z) = \frac{1 + 0.2z^{-1}}{1 + 0.5z^{-1}}, \quad D2(z) = \frac{1 + 0.6z^{-2}}{1 + 0.8z^{-2}}$$

控制器的实现框图如图 3-26 所示。

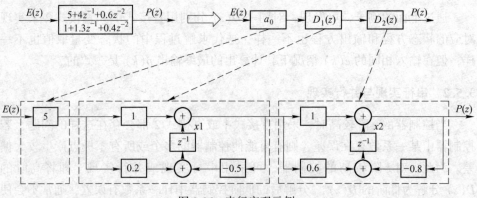

图 3-26　串行实现示例

3.5.2.2　并行实现

并行实现也称并联实现，其原理是将控制器的 $D(z)$ 分解为若干低阶的
$D1(z)$、$D2(z)$、$D3(z)$、…，然后将它们并联起来，取代原来高阶的 $D(z)$，表
达式如下　．

$$D(z) = \frac{P(z)}{E(z)} = \frac{a_0 + a_1z^{-1} + a_2z^{-2} + \cdots + a_mz^{-m}}{1 + b_1z^{-1} + b_2z^{-2} + \cdots + b_nz^{-n}}$$

$$= \gamma_0 + D_1(z) + D_2(z) + \cdots + D_l(z) = \gamma_0 + \sum_{i=0}^{l} D_i(z)$$

其中

$$D_i = \frac{\gamma_{i1}}{1 + \beta_{i1}z^{-1}} \quad 或 \quad D_i = \frac{\gamma_{i0} + \gamma_{i1}z^{-1}}{1 + \beta_{i1}z^{-1} + \beta_{i2}z^{-2}}$$

【例 3-10】已知某数字控制器的 $D(z)$ 如下

$$D(z) = \frac{P(z)}{E(z)} = \frac{5 + 4z^{-1} + 0.6z^{-2}}{1 + 1.3z^{-1} + 0.4z^{-2}}$$

对 $D(z)$ 进行分式分解，可得

$$D(z) = \frac{P(z)}{E(z)} = \frac{5 + 4z^{-1} + 0.6z^{-2}}{1 + 1.3z^{-1} + 0.4z^{-2}} = 1.5 + \frac{1}{(1 + 0.5z^{-1})} + \frac{2.5}{(1 + 0.8z^{-1})}$$

因此，$D(z)$ 可看成三个环节并联而成，即

$$D(z) = \gamma_0 + D1(z) + D2(z)$$

其中

$$\gamma_0 = 1.5, \quad D1(z) = \frac{1}{1 + 0.5z^{-1}}, \quad D2(z) = \frac{2.5}{1 + 0.8z^{-1}}$$

控制器的实现框图如图 3-27 所示。

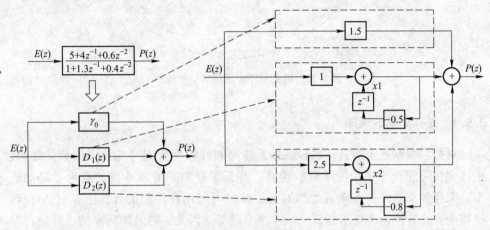

图 3-27　并行实现示例

3.5.3　嵌套程序实现法

嵌套程序实现法就是将控制器 $D(z)$ 算法的通用表达式：

$$D(z) = \frac{P(z)}{E(z)} = \frac{a_0 + a_1z^{-1} + a_2z^{-2} + \cdots + a_mz^{-m}}{b_0 + b_1z^{-1} + b_2z^{-2} + \cdots + b_nz^{-n}} = \frac{\sum\limits_{i=0}^{m} a_iz^{-i}}{1 + \sum\limits_{j=1}^{n} b_jz^{-j}}$$

式中，a_i 和 b_j 都是实系数，$n \geqslant m$。

直接代入控制器的传递函数，即

$$
\begin{aligned}
P(z) &= D(z)E(z) \\
&= b_0E(z) + z^{-1}\{b_1E(z) - a_1U(z) + [b_1E(z) - \\
&\quad a_2U(z) + \cdots + z^{-1}(b_nE(z) - a_nU(z) + \cdots)]\}
\end{aligned}
\tag{3-60}
$$

嵌套程序实现法的信号流图如图 3-28 所示。

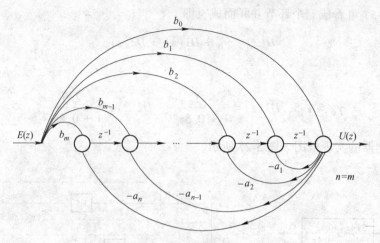

图 3-28   嵌套程序实现法的信号流图

3.5.4   采样周期的选择

对数字控制系统而言，选择最佳采样周期（频率）是考虑许多因素的结果。采样太快可能会导致精度下降，通常，降低采样频率的根本目的是为了降低成本。采样频率的降低意味着处理器有更多的时间用在控制的计算上。对 A/D 转换器而言，转换速率要求越低，成本也会越低。因此，对采样频率的选择是在能满足所有性能指标的前提下，最优的设计选择方案是将采样频率取得尽可能低。

在考虑采样频率下限值时，有几个因素可以参考。这就是跟踪效率、控制效率和经验。

（1）跟踪效率。跟踪效率是以时域的上升时间和调整时间指标或频域的闭环带宽指标来量度的。其目的是使系统能有效跟踪某一频率的输入指令。

衡量跟踪效率的时域指标是阶跃响应，阶跃响应的上升部分就是最能跟踪的部分，也是频率变化最快的部分。采用频率的选择可以是上升时间内至少采 6 个样，如果希望跟踪效果比较好的话，上升时间内至少采 10 个样。

衡量跟踪效率的频域指标是闭环系统带宽。根据采样定律，为了使闭环系统能够跟踪某一频率的输入，采样频率至少是系统信号中包含的最高频率（带宽）的 2 倍以上（这项指标要优先考虑控制效率要求）。

（2）控制效率。控制效率是以系统对随机扰动的误差影响来量度的。对于任何控制系统，扰动抑制是一个很重要的方面。扰动会带着各种各样的频率特性进入系统，这些频率的变化范围从阶跃到白噪声。高频随机扰动对采样频率的选取影响最大。这里一般选取采样频率为 20 倍带宽，如果希望跟踪效果比较好的话，则选取采样频率为 30 倍带宽（这大约对应时域上升时间内采 10 个样）。

（3）经验。在工业过程控制中，不同的对象变量，有着不同的最快变化频率。例如温度变量，不论是什么介质，它的变化速率都不会太快。因此，借助于经验，可根据不同的被控对象类型来选择采样周期，如表3-3所示。

表 3-3　根据被控对象类型选择采样周期

被控对象类型	流量	压力	液位	温度	成分
采样周期范围/s^{-1}	1~5	3~10	5~8	10~20	15~30

4 电力拖动自动控制系统全数字化设计

数字控制系统的硬件设计是一个综合运用多学科知识、解决系统的基础及可靠性问题的过程，涉及知识面较广，包括电动机的控制、计算机技术、测试技术、数字电路、电力电子技术等，因此它的设计也是一个复杂的工程。硬件系统设计和软件系统设计是整个数字控制系统设计中的重要基础。

4.1 电力拖动数字控制系统的设计内容和步骤

数字控制系统的设计主要包括以下几个方面的内容：

(1) 控制系统整体方案设计，包括系统的要求、控制方案的选择，以及控制系统的性能指标等。

(2) 设计主电路结构。

(3) 选择各变量的检测元件及变送器。

(4) 建立数学模型，并确定控制算法。

(5) 选择控制芯片，并决定控制部分是自行设计还是购买成套设备。

(6) 系统硬件设计，包括与 CPU 相关的电路、外围设备、接口电路、逻辑电路及键盘显示模块、主电路的驱动与保护。

(7) 系统软件设计，包括应用程序的设计、管理以及监控。

(8) 在各部分软、硬件调试完的基础上，进入系统的联调与实验。

在设计初始阶段，必须确定系统的总体要求及技术条件。系统的技术要求必须尽量详细。这些要求不仅涉及控制系统的基本功能，还要明确规定系统应达到的性能指标。功能方面的技术条件要详细列出控制策略、结构和控制系统必须完成的各种控制和调解任务，以及控制系统的主要性能指标（包括响应时间、稳态精度、通信接口）等。

数字控制系统的设计过程如图 4-1 所示。

数字控制系统的设计要具备以下几个方面的知识和能力：

(1) 必须具备一定的硬件基础知识。硬件不仅包括各种微处理器、存储器及 I/O 接口，而且还包括电力电子电路、数字电路、模拟电路、对装置或系统进行信息设定的键盘及开关、检测各种输入量的传感器、控制用的执行装置与单片机及各种仪器进行通信的接口，以及打印及显示设备。

（2）具有综合运用知识的能力。必须善于将一个微机控制系统设计任务划分成许多便于实现的组成部分，特别是软件、硬件之间需要这种协调时，通常解决的办法是尽量减少硬件（以便使控制系统的价格减到最低），并且应对软件的进一步改进留有余地。因此，对交流电动机数字控制系统而言，衡量设计水平时，往往看其在"软硬兼施"方面的应用能力。一种功能往往是既能用硬件实现，也可用软件实现，通常情况下，硬件实时性强，一些实时性要求高的功能（如保护、驱动及检测）需用硬件实现。但这将会使系统成本上升，且结构复杂；软件可避免上述缺点，但实时性较差。如果系统控制回路比较多，或者某些软件设计比较困难时则考虑用硬件。总之，一个控制系统中，哪些部分用硬件实现，哪些部分用软件实现，都要根据具体情况反复进行分析、比较后确定。一般的原则是，在保证实时性控制的情况下，尽量采用软件。

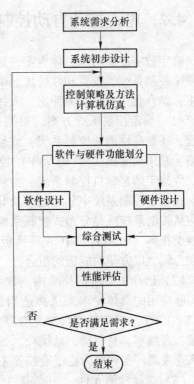

图 4-1　交流电动机数字控制
系统的设计过程

一般情况下，对于主电路的保护要有多级保护，以提高系统的可靠性。首先要有硬件的过电流、过电压、欠电压、过热等保护，并应具有工作可靠、响应时间短等特点。其次，还要在软件中对故障进行相应的保护和处理，包括故障自诊断等。

（3）需要具有一定的软件设计能力，能够根据系统的要求，灵活地设计出所需程序，主要有数据采集程序、A/D 和 D/A 转换程序、数码转换程序、数字滤波程序、标度变换程序、键盘处理程序、显示及打印程序，以及各种控制算法及非线性补偿程序等。

（4）在确定系统的总体方案时，要与工艺部门互相配合，并征求用户的意见再进行设计。同时还必须掌握生产过程的工艺性能及实际系统的控制方法。

硬件设计完成后，可以针对不同的功能块使用仿真开发器分别调试。调试的过程也是软件逐步加入及完善的过程。软、硬件的协调配合能力及相互的影响，可以通过软件在实际硬件上的运行来进行实时检验，这样可以将检验结果与技术条件进行比较，并提出改进方法。

4.2　电力拖动自动控制系统数字化设计总体方案确定

确定数字控制系统总体方案，是系统设计的第一步。总体方案的好坏直接影响整个控制系统的投资和性价比。确定控制系统的总体方案必须根据实际应用的要求，结合具体被控对象而定，大体上可以从以下几个方面进行考虑。

（1）确定控制系统方案。根据系统的要求，首先确定出系统是通用型控制系统，还是高性能的控制系统，或是特殊要求控制系统。其次要确定系统的控制策略，是采用变压变频（VVVF）控制、矢量控制，还是采用直接转矩控制等。第三要确定的是单机控制系统、主从控制系统，还是采用分布式控制系统。

在数字控制系统中，通过模块化设计，可以使系统通用性增强，组合灵活。在主从控制系统或是分布式控制系统中，多由主控板和系统支持板组成。支持板的种类很多，如 A/D 和 D/A 转换板、并行接口板、显示板等，通常采用统一的标准总线，以方便功能板的组合。

（2）选择主电路拓扑结构。数字控制系统中，必须根据系统容量的大小以及实际应用的具体要求来选择适当的主电路拓扑结构。21 世纪以来，以 IGBT、IEGT、IGCT 为代表的双极型复合器件的惊人发展，使得电力电子器件正沿着大容量、高频率、易驱动、低损耗、智能模块化的方向迈进。伴随着电力电子器件的飞速发展，各种电力电子变换器主电路的发展也日趋多样化。

（3）选择检测元件。在确定总体方案时，必须首先选择好被测变量的测量元件，它是影响控制精度的重要因素之一。测量各种变量，如电压、电流、温度、速度等的传感器，种类繁多，规格各异，因此要正确地选择测量元件。有关这方面的详细内容，请读者参阅相关的参考文献。

（4）选择 CPU 和输入/输出通道及外围设备。数字控制系统 CPU 主控板及过程通道通常应根据被控对象变量的多少来确定，并根据系统的规模及要求，配以适当的外围设备，如键盘、显示、外部控制及 I/O 接口等。

选择时应考虑以下一些问题：

1）控制系统方案及控制策略；

2）PWM 的产生方式及 PWM 的数量与互锁；

3）被控对象变量的数目；

4）各输入/输出通道是串行操作还是并行操作；

5）各数据通道的传输速率；

6）各通道数据的字长及选择位数；

7）对键盘、显示及外部控制的特殊要求。

（5）画出整个系统原理图。前面四步完成以后，结合工业流程图，最后要画出一个完整的数字控制系统原理图，其中包括整流电路、逆变电路，以及各种传感器、外围设备、输入/输出通道及微处理器等。它是整个系统的总图，要求全面、清晰、明了。

4.3　微处理器芯片的选择

在总体方案确定之后，首要的任务就是选择一种合适的微处理器芯片。正如前面所讲的，微处理器芯片的种类繁多，选择合适的微处理器芯片是数字控制系统设计的关键之一。

以微处理器为控制核心的数字控制系统在设计时通常有两种方法：（1）用现成的微处理器总线系统；（2）利用微处理器芯片自行设计最小目标系统。

4.3.1　方法

（1）用现成的微处理器总线系统。以微处理器或单片机构成主控板和各种功能支持板一起组成总线开发系统，包括一个带有电源的插板机箱，以及总线系统的底板。功能支持板的种类很多，如 A/D 和 D/A 转换板、打印机接口板、显示器接口板、并行通信板等。它们都具有模块化的结构、通用性强、组合灵活的特点，可以通过统一的标准总线，方便地组成控制系统，并大大减少研究开发和调试时间。但相对来说，这类开发系统结构复杂、硬件费用较高。因此，对某些应用系统，这些板并非是最优的。

（2）利用微处理器芯片自行设计最小目标系统。选择合适的微处理器芯片，针对被控对象的具体任务，自行开发和设计一个微处理器最小目标系统，是目前微处理器系统设计中经常使用的方法。这种方法具有针对性强、投资少、系统简单、灵活等特点。特别是对于批量生产，它更具有其独特的优点。

4.3.2　微处理器字长的选择

不管是选用现成的微处理器系统，还是自行开发设计，面临的一个共同问题就是怎样选择微处理器的字长，也就是选用几位微处理器。位数越长，微处理器的处理精度越高，功能越强，但成本也越高。因此，必须根据系统的实际需要进行选用，否则将会影响系统的功能及造价。现将各种字长微处理器的用途简述如下：

（1）8 位机。8 位机是目前工业控制和智能化仪器中应用较多的单片机。它们可在数据处理及过程控制中作为监督控制计算机，用来监控各种参数，如温度、压力、流量、液面、浓度、成分、密度、黏度等。8 位机也可以作为性能要求不高的电机控制系统的控制核心。但在高性能的交流电机的数字控制系统中，只能用来控制一些外围设备，例如液晶或者数码管显示和键盘输入等。

（2）16 位机。16 位机是一种高性能单片机，目前已经有许多品种系列。16 位单片机基本上可以满足电机的数字控制系统的控制精度要求。许多通用交流电机的数字控制系统都采用 16 位单片机作为控制核心。

（3）DSP 芯片。DSP 芯片一般应用于 16 位或 32 位数字控制系统，16 位的数字控制系统可以达到 10^{-5} 的精度，加之其运算速度快，可以在较短的采样周期内完成各种复杂的控制算法，非常适合高性能交流电机控制系统的应用。专门为电机控制设计的 DSP 芯片中，集成了 PWM 产生模块、A/D 采样模块、通信模块等，并有各种中断接口和通用 I/O 接口，大大简化了外围电路的设计。

4.4   数字控制系统软件设计

计算机控制程序通常可以包括监控程序设计和控制程序设计，程序设计不但要保证功能正确，而且要求程序编制方便、简洁，容易阅读、修改和调试。

4.4.1   软件设计的基本方法

对于"软件设计"这个概念而言，用程序语言编写有关具体的程序只是整个软件设计工作中的一个很小的环节。它只是软件设计完成之后的一个具体化过程。

一个软件在研制者了解了软件的功能要求之后就可以着手进行设计，其工作可分为两个阶段：总体设计（概要设计）和详细设计。

（1）总体设计中应完成以下工作：

1）程序结构的总体设计。决定软件的总体结构，包括软件分为哪些部分，各部分之间的联系，以及功能在各部分间的分配。

2）数据结构设计。决定数据系统的结构或数据的模式，以及完整性、安全性设计。

3）完成设计说明书。将软件的总体结构和数据结构的设计作一文字总结，作为下一阶段设计的依据，也是整个设计中应有的重要文档之一。

4）制定初步的测试计划。完成总体设计之后，应对将来的软件测试方法、步骤等提出较为明确的要求，尽管一开始这个计划是不十分完善的，但在此基础上经过进一步完善和补充，可作为测试工作的重要依据。

5）总体设计的评审。在以上工作完成后，组织对总体设计工作质量的评审，对有缺陷的地方加以弥补，特别应重视以下几个方面：软件的整个结构和各子系统的结构、各部分之间的联系、软件的结构如何保证需求的实现等。

（2）详细设计要完成的工作包括：

1）确定软件各个组成部分的算法以及各个部分的内部数据结构。

2）使用程序流程图等方式，对各个算法进行描述，并完成整个软件系统的流程图。

4.4.2   微机控制系统软件设计的具体问题

对于电力电子系统控制软件而言，其特点是与硬件的密切联系和实时性。因此在设计时，通常是硬件、软件同时进行考虑。其一般原则是在保证实时控制的条件下，尽量采用软件。但这也是一个要依据实时性和性能价格的比来综合平衡的问题，一味地硬件软件化并不是一个好的方案。

另外，对于数字实时控制和反馈等方面，还涉及连续系统的离散化、输入输出量化及字长处理、采样频率等诸多问题，都需要在设计阶段进行考虑。

4.4.3　数字控制系统的软件抗干扰措施

要使数字控制系统正常工作，除采用硬件抗干扰措施外，在软件上也要采取一定的抗干扰措施。下面介绍几种提高软件可靠性的方法。

（1）数字滤波。尽管采取了硬件抗干扰措施，外界的干扰信号总是或多或少地进入微机控制系统，可以采取数字滤波的方法来减少干扰信号的影响。数字滤波的方法有程序判断滤波、中值滤波、算术平均滤波、加权平均滤波、滑动平均滤波、RC 低通滤波、复合数字滤波等。

（2）程序高速循环法。在应用程序编制中，采用从头到尾执行程序，进行高速循环，使执行周期远小于执行机构的动作时间，一次偶然的错误输出不会造成事故。

（3）设立软件陷阱。外部的干扰或机器内部硬件瞬间故障会使程序计数器偏离原定的值，造成程序失控。为避免这种情况的发生，在软件设计时，可以采用设立陷阱的方法加以克服。

具体的做法是，在 ROM 或 RAM 中，每隔一些指令（通常为十几条指令即可），把连续的几个单元置成"NOP"（空操作）。这样，当出现程序失控时，只要失控的单片机进入这众多的软件陷阱中的任何一个，都会被捕获，连续进行几个空操作。执行这些空操作后，程序自动恢复正常，继续执行后面的程序。这种方法虽然浪费一些内存单元，但可以保证程序不会飞掉。这种方法对用户是不透明的，即用户根本感觉不到程序是否发生错误操作。

4.4.4　时间监视器

在控制系统中，采用设立软件陷阱的方法只能在一定程度上解决程序失控的问题，但并非在任何时候都有效。因为只有当程序控制转入陷阱区内才能被捕获。但是失控的程序并不总是进入陷阱区的，比如程序进入死循环。

为防止程序进入死循环，经常采用时间监视器，即"看门狗"（Watchdog），用以监视程序的正常运行。

Watchdog 由两个计数器组成，计数器靠系统时钟或分频后的脉冲信号进行计数。当计数器计满时，计数器会产生一个复位信号，强迫系统复位，使系统重新执行程序。在正常情况下，每隔一定时间（根据系统应用程序执行的长短而定），程序使计数器清零，这样计数器就不会计满，因而不会产生复位。但是如果程序运行不正常，例如陷入死循环等，计数器将会计满而产生溢出，此溢出信号用来产生复位信号，使程序重新开始启动。

4.4.5 输入/输出软件的可靠性措施

为了提高输入输出的可靠性，在软件上也要采取相应的措施。

（1）对于开关量的输入，为了确保信息正确无误，在软件上可采取多次读入的方法。

（2）软件冗余。对于一次采样、处理、控制输出，改为循环采样、处理、控制输出。

（3）在某些控制系统中，对于可能酿成重大事故的输出控制，要有充分的人工干预措施。

（4）采用保护程序，不断地把输出状态表的内容传输到各输出接口的端口寄存器中，以维持正确的输出控制。

此外，还有输出反馈、表决、周期刷新等措施，还可以采取实时诊断技术提高控制系统的可靠性。

4.5 直流双闭环调速系统全数字化设计

数字控制的直流双闭环调速系统结构如图 4-2 所示。

图中点划线部分表示由数字控制器完成的控制功能，主要包括数字速度调节器 ASR、数字电流调节器 ACR 以及数字触发器等。一般采用直流电流互感器 TA 检测电动机电枢电流完成电流闭环，采用光电编码器 BQ 检测电动机实际速度以实现速度调节器的闭环控制。它与模拟系统的主要区别是把原来由电压量表示的给定信号和反馈信号改用数字量表示，将原来由分立元件完成的各种功能集中到微处理器的软件中实现。

其他相关环节还有速度、电压、电流的检测。同时，作为一个完整的控制系统，必要的人机接口环节以及开环逻辑控制环节也是应该具备的。

4.5.1 数字直流调速系统的硬件结构设计

数字控制的直流电动机控制系统中，电动机是被控制对象，微处理器起控制器的作用，对给定、反馈等输入信号进行处理后，按照选定的控制规律形成控制指令，同时输出数字控制信号。输出的数字量信号有的经放大后可直接驱动诸如变流装置的数字脉冲触发部件，有的则要经 D/A 转换变成模拟量，再经放大后对电动机有关量进行调节控制。

典型的直流数字调速系统主要由控制模块、速度反馈模块、电流反馈模块、触发脉冲输出驱动模块、同步中断模块、显示模块等部分构成，基于 MCS-96 系列 80C196KC 单片机的控制系统硬件功能总体框图如图 4-3 所示。

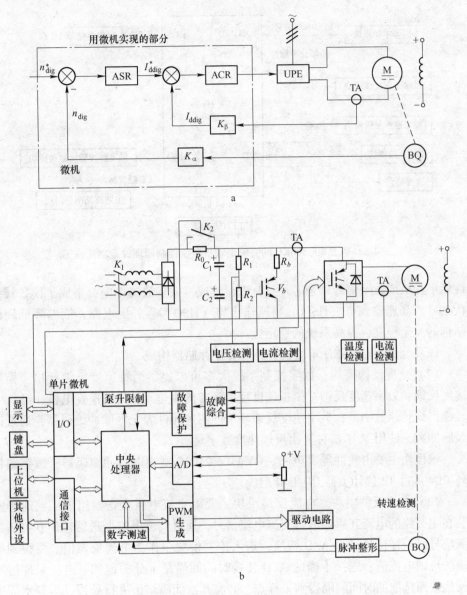

图 4-2 数字控制的直流双闭环调速系统结构图

a—数字控制的双闭环直流调速系统组成图；b—数字控制双闭环直流调速系统硬件结构图

基于 80C196KC 的直流电动机数字控制器各个功能模块的基本组成及功能如下：

（1）控制模块。系统中的控制模块主要负责完成数字 PI 算法的实现，电压、电流 A/D 转换与高速 I/O 扫描等功能是整个数字控制系统的核心，一般采用高

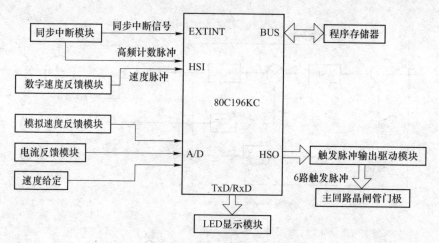

图 4-3 基于 80C196KC 的直流电动机数字控制器硬件及功能框图

性能单片机或数字信号处理芯片（DSP）构成，大多数器件中都集成了模数转换（A/D）、高速输入口（HSI）、高速输出口（HSO）等外围电路，能够降低硬件结构的复杂程度，提高系统的稳定性。

该部分由 80C196KC 单片机和外部程序存储器构成。

（2）速度反馈模块。数字控制系统大多可以提供两种速度反馈接口：模拟速度反馈和数字速度反馈。模拟速度反馈环节的测速元件为测速发电机，经 A/D 转换得到转速数字量；数字速度反馈环节的测速元件为光电脉冲编码器，通过记录脉冲数，使用 M/T 法计算出反馈速度数字量。

该模块主要由线性隔离电路、OVW-06-2MHC 型光电脉冲编码器、数字锁相环 CD4046、12 位计数器 CD4040 组成。

（3）电流反馈模块。电流反馈模块主要由交流电流变送器组成，它通过安装在主回路的电流互感器取得交流电流信号，通过交流电流变送器输出 0~5V 直流信号，采样信号经过 A/D 转换，送入控制模块中作为电流反馈值。要得到准确的反馈电流值，选择正确的 A/D 转换时间间隔是十分关键的。电流采样过程就是按照选取的时间间隔得到采样点，并将几次间隔结果进行处理，得到本周期电流数字量的过程。

电流采样常用多点式同步采样方法。以电流四点式同步采样为例，在电枢电流的一个包络周期内连续进行四次采样，选择触发时刻（包络起始点）为参考点，以此为中心，在前后各进行两次电流 A/D 转换，间距取包络四等分值，横跨两个包络，如图 4-4 所示。四次 A/D 转换的结果求平均值为本次电流的采样值，相当于对电流反馈进行了平均值滤波处理，由于触发时刻的计算以同步信号为基准，所以电网频率波动，电流 A/D 采样时刻随之变动，采样精度有所保证。

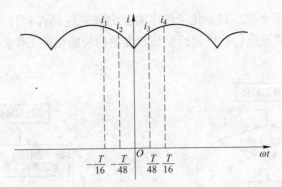

图 4-4　电流四点式同步采样 A/D 时刻示意图

（4）触发脉冲输出驱动模块。触发脉冲输出驱动模块的作用是将由控制模块中 HSO 输出的移相触发脉冲经过功率放大器放大，再经过脉冲变压器隔离，变成可以直接触发晶闸管的门极信号，加到主回路的晶闸管的门极上。

该模块主要由 TLP521 光耦合器、LM386 功放、脉冲变压器等器件组成。

（5）同步终端模块。为了克服工频电压不稳定和多通道同步信号本身不对称的影响，数字调速系统大多采用带有数字锁相功能的单通道相对触发同步信号，交流同步信号取自电网的一个相电压，再通过控制器的软件计算，实现对每个触发脉冲相位的精确定位，从而获得对称度很高的各个触发脉冲。同时，也可以通过锁相环生成倍频信号，将其作为计数基准，各个触发脉冲输出时刻都是相对这个计数基准计算得出的，从而消除了工频不准对相移误差的影响。

（6）显示模块。显示模块主要完成控制参数、运行数据的实时显示，有的控制器还支持操作人员通过显示界面对参数、程序的修改，可以作为一种简单的人机接口使用。一般显示模块可以采用简易按钮及 LED 显示屏构成，与控制器之间通过串行接口等方式连接。

图 4-2 中，利用 80C196KC 单片机的串行口 TxD 输出移位脉冲，RxD 输出待显示数据。80C196KC 通过 RxD 依次输出 4 个字节的待显示数据，可以通过选择按键实现显示给定速度或实测速度的切换。

4.5.2　数字直流调速系统的软件设计

数字控制的双闭环直流调速系统的控制规律是靠软件来实现的，系统中所有的硬件也必须由软件来管理。一般运行在数字控制器中的软件有主程序、初始化子程序和中断服务子程序等。

（1）主程序。主程序完成实时性要求不高的功能，完成系统初始化后，实现键盘处理、刷新显示，与上位计算机和其他外设通信等功能。主程序框图如图 4-5 所示。

（2）初始化子程序。初始化子程序主要完成系统硬件器件（如 A/D 转换通道等）的工作方式设定，软件运行参数和变量的初始化等工作，初始化子程序框图如图 4-6 所示。

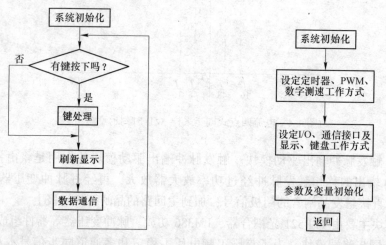

图 4-5　主程序框图 　　　　　　　　图 4-6　初始化子程序框图

（3）中断服务子程序。中断服务子程序完成实时性强的功能，如故障保护、重要状态检测和数字 PI 调节等功能。各个中断服务子程序是由相应的中断源向 CPU 提出申请并要求实时响应的。直流数字控制系统中主要的中断子程序包括如下三种（见图 4-7~图 4-9）。

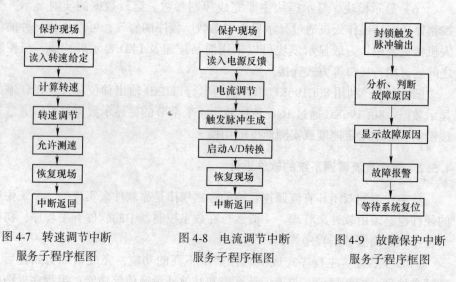

图 4-7　转速调节中断　　　图 4-8　电流调节中断　　　图 4-9　故障保护中断
服务子程序框图　　　　　服务子程序框图　　　　　服务子程序框图

1）转速调节中断服务子程序。进入转速调节中断服务子程序后，首先保存当前运行状态变量，再计算实际转速，完成转速 PI 调节，最后启动转速检测，为下一步调节做准备。中断返回前应恢复原有运行变量，使被中断的上级程序正确、可靠地恢复运行。

2）电流调节中断服务子程序。电流调节中断服务子程序的中断过程与上述类似，主要完成电流 PI 调节并启动相关 A/D 转换，为下一步调节做准备。

3）故障保护中断服务子程序。进入故障保护中断服务子程序时，首先封锁系统输出，再分析、判断故障，显示故障原因并报警，最后等待系统复位。当故障保护引脚的电平发生跳变时申请故障保护中断，而转速调节和电流调节均采用定时中断。

三种中断服务中，故障保护中断的优先级别最高，电流调节中断次之，转速调节中断的级别最低。

4.5.3 数字滤波器设计

根据需要可以编写出各种数字滤波程序，每种滤波程序都各有其优点。对于电力拖动控制系统而言其输出量和输入量都是快速变化的，因此这里所用的数字滤波器采用加权平均滤波器。为了减少对采样值的干扰，提高系统可靠性，在进行数据处理和 PID 调节之前，首先对采样值进行数字滤波。

模拟系统中，常用由硬件组成的滤波器（如 RC 滤波电路）来滤除干扰信号；在数字测速中，硬件电路只能对编码器输出脉冲起到整形、倍频的作用，往往用软件来实现数字滤波。数字滤波具有使用灵活、修改方便的优点，还能实现硬件滤波器无法实现的功能，但不能代替硬件滤波器。数字滤波可以用于测速滤波，也可以用于电压、电流检测信号的滤波。下面介绍几种常用的数字滤波方法。

所谓数字滤波，是通过一定的计算机程序对采样信号进行平滑加工，提高其有用信号，消除和减少各种干扰和噪声，以保证计算机系统的可靠性。

在算术平均滤波中，对于 n 次采样所得的采样值，其结果的比重是均等的，但有时为了提高滤波效果，将各次采样值取不同的比例，然后再相加，此方法称为加权平均法。一个 n 项加权平均式为

$$Y_n = \sum_{i=1}^{n} C_i X_i \tag{4-1}$$

式中，C_1，C_2，$\cdots$，C_n 均为常数项，应满足下列关系

$$\sum_{i=1}^{n} C_i = 1 \tag{4-2}$$

式中，C_1，C_2，$\cdots$，C_n 为各次采样值的系数，可根据具体情况而定，一般采样次数愈靠后，采样值的系数取得愈大，这样可以增加新的采样值在平均值中的比

例。其目的是突出信号的某一部分，抑制信号的另一部分。

4.5.4　数字电流调节器设计

　　在双闭环直流调速系统中，电流闭环系统的等效时间常数较小，而且电流调节器的控制算法也比较简单，因而可以采用较高的采样频率，这样，电流调节器一般都可以采用连续-离散设计方法，即按连续系统设计方法设计电流环，确定电流调节器参数，然后再进行离散化处理。

4.5.5　数字转速调节器设计

　　在双闭环直流调速系统中，转速闭环的开环截止频率 ω_{cn} 大小与系统的动态性能有一定的关系，一般状况下，ω_{cn} 既不能低，也不能高。若选择得不很高，则按连续-离散设计时将产生较大的误差，在这种情况下只能按离散设计法来设计转速调节器才能满足系统的动态性能要求。下面介绍离散设计法设计转速调节器。

4.5.5.1　转速环控制对象的脉冲传递函数

　　按连续控制系统设计方法设计的电流闭环控制系统，等效为一个小惯性环节，使其成为转速环的控制对象，于是就可以得到具有零阶保持器的数字直流调速系统动态结构图，如图 4-10 所示。图中，$G_0(s) = (1-e^{-T_{sam}s})/s$ 为零阶保持器的传递函数，其中，T_{sam} 为采样周期；$G_1(s) = \dfrac{1/K_{\beta}}{2T_{\Sigma i_{s+1}}}$ 为电流环等效传递函数，其中 K_{β} 为电流反馈系数换成电流存储系数；$G_n(s) = R/C_e T_m s$ 为转速积分环节的传递函数；$G_{nf} = K_{\alpha}/(T_{on}+1)$ 为转速反馈通道传递函数，其中 K_{α} 为转速反馈系数 α 换成转速存储系数。

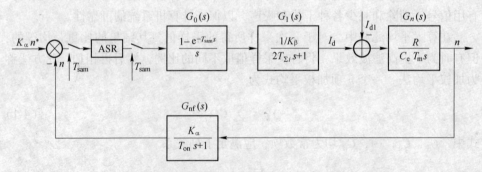

图 4-10　具有零阶保持器的数字控制直流调速系统结构图

　　图 4-10 中，转速调节器 ASR 的控制对象传递函数为

$$G_{\text{obj}}(s) = \frac{1 - e^{-T_{\text{sam}}s}}{s} \frac{1/K_\beta}{2T_{\Sigma i}s + 1} \frac{R}{C_e T_m s} \frac{K_\alpha}{T_{on}s + 1} = \frac{K_n(1 - e^{-T_{\text{sam}}s})}{s^2(T_{on}s + 1)(2T_{\Sigma i}s + 1)}$$

$$(4-3)$$

式中，$K_n = RK_\alpha/K_\beta C_e T_m$。再将两个小惯性环节合并，则有

$$G_{\text{obj}}(s) \approx \frac{K_n(1 - e^{-T_{\text{sam}}s})}{s^2(T_{\Sigma n}s + 1)} = (1 - e^{-T_{\text{sam}}s}) G_{\text{sub}}(s) \qquad (4-4)$$

式中，$G_{\text{sub}}(s) = K_n/[s^2(T_{\Sigma n}s + 1)]$，$T_{\Sigma n} = T_{on} + 2T_{\Sigma i}$。

对式 $G_{\text{sub}}(s) = K_n/[s^2(T_{\Sigma n}s + 1)]$ 应用 Z 变换线性定理得

$$G_{\text{obj}}(z) = Z[G_{\text{obj}}(s)] = Z[G_{\text{sub}}(s)] - z^{-1}Z[G_{\text{sub}}(s)]$$

再使用 Z 变换平移定理得

$$G_{\text{obj}}(z) = Z[G_{\text{obj}}(s)] = Z[G_{\text{obj}}(s)] - z^{-1}Z[G_{\text{obj}}(s)] = (1 - z^{-1})G_{\text{obj}}(z)$$

$$(4-5)$$

将 $G_{\text{obj}}(s)$ 展开成部分分式，对每个分式查表求 Z 变换，再化简后得

$$G_{\text{sub}}(z) = \frac{K_n T_{\Sigma n}\left[\left(\dfrac{T_{\text{sam}}}{T_{\Sigma n}} - 1 + e^{-T_{\text{sam}}/T_{\Sigma n}}\right)z^2 + \left(1 - e^{-T_{\text{sam}}/T_{\Sigma n}} - \dfrac{T_{\text{sam}}}{T_{\Sigma n}}e^{-T_{\text{sam}}/T_{\Sigma n}}\right)z\right]}{(z-1)^2(z - e^{-T_{\text{sam}}/T_{\Sigma n}})}$$

$$(4-6)$$

将式 (4-6) 代入式 (4-5) 中，经整理后得控制对象的脉冲传递函数

$$G_{\text{sub}}(z) = \frac{K_n T_{\Sigma n}\left[\left(\dfrac{T_{\text{sam}}}{T_{\Sigma n}} - 1 + e^{-T_{\text{sam}}/T_{\Sigma n}}\right)z + \left(1 - e^{-T_{\text{sam}}/T_{\Sigma n}} - \dfrac{T_{\text{sam}}}{T_{\Sigma n}}e^{-T_{\text{sam}}/T_{\Sigma n}}\right)\right]}{(z-1)(z - e^{-T_{\text{sam}}/T_{\Sigma n}})}$$

$$= \frac{K_z(z - z_1)}{(z-1)(z - e^{-T_{\text{sam}}/T_{\Sigma n}})} \qquad (4-7)$$

式中，$K_z = K_n T_{\Sigma n}\left(\dfrac{T_{\text{sam}}}{T_{\Sigma n}} - 1 + e^{-T_{\text{sam}}/T_{\Sigma n}}\right) = \dfrac{K_\alpha R T_{\Sigma n}\left(\dfrac{T_{\text{sam}}}{T_{\Sigma n}} - 1 + e^{-T_{\text{sam}}/T_{\Sigma n}}\right)}{K_\beta C_e T_m}$，$z_1 =$

$$\dfrac{1 - e^{-T_{\text{sam}}/T_{\Sigma n}} - \dfrac{T_{\text{sam}}}{T_{\Sigma n}}e^{-T_{\text{sam}}/T_{\Sigma n}}}{1 - \dfrac{T_{\text{sam}}}{T_{\Sigma n}} - e^{-T_{\text{sam}}/T_{\Sigma n}}}。$$

由式 (4-7) 看出，控制对象的脉冲传递函数具有两个极点，$p_1 = 1$，$p_2 = e^{-T_{\text{sam}}/T_{\Sigma n}}$；一个零点 z_1。

4.5.5.2 数字转速调节器的设计

模拟系统的转速调节器一般为 PI 调节器，因此，选用 PI 型数字调节器。其

差分方程为

$$u(k) = K_p e(k) + K_1 T_{sam} \sum_{i=1}^{k} e(i) \tag{4-8}$$

令

$$\begin{cases} x_p(k) = K_p e(k) \\ x_1(k) = K_1 T_{sam} \sum_{i=1}^{k} e(i) = x_1(k-1) + K_i T_{sam} e(k) \end{cases} \tag{4-9}$$

则调节器输出方程为

$$u(k) = x_p(k) + x_1(k) \tag{4-10}$$

式中，K_p 为比例系数；K_i 为积分系数，s^{-1}；e 为调节器输入；u 为调节器输出；k 为采样次数。对式（4-9）的差分方程做 Z 方程并应用线性定理和平移定理得

$$\begin{cases} X_p(z) = K_p e(z) \\ X_i(z) = \dfrac{K_i T_{sam} z}{z-1} e(z) \end{cases} \tag{4-11}$$

将式（4-11）代入式（4-10）中，得

$$u(z) = \left(K_p + \frac{K_i T_{sam} z}{z-1} \right) e(z) \tag{4-12}$$

转速调节器脉冲传递函数为

$$G_{ASR}(z) = K_p + \frac{K_i T_{sam} z}{z-1} = \frac{(K_p + K_i T_{sam}) z - K_p}{z-1} \tag{4-13}$$

再考虑式（4-7）的控制对象脉冲传递函数，则离散系统的开环脉冲传递函数为

$$G_{ASR}(z) G_{obj}(z) = \frac{K_s \left[(K_p + K_i T_{sam}) z - K_p \right] (z - z_1)}{(z-1)^2 \left(z - e^{-T_{sam}/T_{\Sigma n}} \dfrac{1}{2} \right)} \tag{4-14}$$

如果要利用连续系统的对数频率法来设计调节器参数，应先进行 ω 变换，令 $z = \dfrac{1+\omega}{1-\omega}$，则

$$G_{ASR}(\omega) G_{obj}(j\lambda) = \frac{K_s \left[(2K_p + K_i T_{sam}) \omega + K_i T_{sam} \right) \right] \left[(1 + z_1) \omega + 1 - z_1 \right] (1 - \omega)}{4 \omega^2 \left[(1 + e^{-T_{sam}/T_{\Sigma n}}) \omega + 1 - e^{-T_{sam}/T_{\Sigma n}} \right]} \tag{4-15}$$

再令 $\omega = j\dfrac{T_{sam}}{2}\lambda$，$\lambda$ 为虚拟频率，则开环虚拟频率传递函数为

$$G_{ASR}(j\lambda) G_{obj}(j\lambda) = \frac{K_z K_i (1 - z_1) \left(j\dfrac{2K_p + K_i T_{sam}}{2K_i}\lambda + 1 \right) \left(j\dfrac{1 + z_1}{1 - z_1}\dfrac{T_{sam}}{2}\lambda + 1 \right) \left(1 - j\dfrac{T_{sam}}{2}\lambda \right)}{(1 - e^{-T_{sam}/T_{\Sigma n}}) T_{sam} (j\lambda)^2 \left(j\dfrac{1 + e^{-T_{sam}/T_{\Sigma n}}}{1 - e^{-T_{sam}/T_{\Sigma n}}}\dfrac{T_{sam}}{2}\lambda + 1 \right)}$$

$$= \frac{K_z K_i (1 - z_1)}{(1 - e^{-T_{sam}/T_{\Sigma n}}) T_{sam}} \frac{(j\tau_1\lambda + 1)(j\tau_4\lambda + 1)(1 - j\tau_3\lambda)}{(j\lambda)^2 (j\tau_2\lambda + 1)}$$

$$= K_0 \frac{(j\tau_1\lambda + 1)(j\tau_4\lambda + 1)(1 - j\tau_3\lambda)}{(j\lambda)^2 (j\tau_2\lambda + 1)} \tag{4-16}$$

式中，开环放大系数（单位为 s^{-2}）为

$$K_0 = \frac{K_z K_i (1 - z_1)}{1 - e^{-T_{sam}/T_{\Sigma n}} T_{sam}}$$

转折频率（单位为 s^{-1}）为

$$\frac{1}{\tau_1} = \frac{2K_i}{2K_p + K_i T_{sam}}; \quad \frac{1}{\tau_2} = \frac{1 - e^{-T_{sam}/T_{\Sigma n}}}{1 + e^{-T_{sam}/T_{\Sigma n}}} \frac{2}{T_{sam}}; \quad \frac{1}{\tau_4} = \frac{1 - z_1}{1 + z_1} \frac{2}{T_{sam}}$$

当控制对象及采样频率确定后，K_z、τ_2、τ_3、τ_4 均为已知常数，但 τ_1 和 K_0 待定。

系统的开环虚拟对数频率特性为

$$L(\lambda) = 20\lg K_0 + 20\lg\sqrt{(\tau_1\lambda)^2 + 1} + 20\lg\sqrt{(\tau_4\lambda)^2 + 1} + 20\lg\sqrt{(\tau_3\lambda)^2 + 1} -$$

$$20\lg \lambda^2 - 20\lg\sqrt{(\tau_2\lambda)^2 + 1} \tag{4-17}$$

$$\varphi(\lambda) = -180° + \arctan\tau_1\lambda + \arctan\tau_4\lambda - \arctan\tau_3\lambda - \arctan\tau_2\lambda \tag{4-18}$$

根据系统期望虚拟对数频率特性中的中频段宽度和相角裕量，可以解出 τ_1 和 K_0，再进一步得出调节器的比例系数 K_p 和积分系数 K_i。

如果转速闭环的开环截止频率 ω_{cn} 选择得比较高（情况允许下），也可以采用连续-离散设计方法，即按连续系统设计方法设计转速环，确定转速调节器参数，然后再进行离散化处理。

4.5.6　数字 PID 参数自寻优控制

当调速系统特性或电动机参数和条件改变时，原来整定的数字 PID 参数将不能适应这种变化，使得系统的控制性能变差。为了克服因环境和条件变化造成的系统性能的变差，可以采用数字 PID 调节器参数的自寻优控制。

所谓自寻优控制是利用微机的快速运算和逻辑判断能力，按照选定的寻优方法，不断探测，不断调整，自动寻找最优的数字 PID 调节参数，使系统性能处于最优状态。数字 PID 参数自寻优控制的设计步骤如下所述。

4.5.6.1　性能指标的选择

在数字 PID 调节器参数的自寻优控制中，所选择的性能指标应当既能反映动态性能，又能包含稳态特性。选择积分型指标能够满足上述要求。

由于误差绝对值积分指标容易处理，尤其是误差绝对值乘以时间的积分，在微机控制中数据处理容易，为此选用

$$J = \int_o^t t\,|e(t)|\,\mathrm{d}t \qquad (4\text{-}19)$$

作为系统的性能指标，对于这种目标函数，当系统在单位阶段输入时，具有响应快、超调量小、选择性好等优点。由于是计算机控制，必须将式（4-19）离散化，得到

$$J = \sum_{j=0}^{k} j\,|e(jT)| \qquad (4\text{-}20)$$

式中，J 为极值型函数。优化理论表明：具有极值特性的函数，在经过有限步搜索以后，是一定能够找到极值点的。

4.5.6.2 PID 参数迭代寻优方法的选择

参数寻优的方法很多，如：黄金分割法、插值法、步长加速法、方向加法、单纯形法等。其中，由于单纯形法具有控制参数收敛快，计算工作量小，简单实用等特点，因此，在实时数字 PID 参数自寻优控制中比较普遍地使用该种方法。

单纯形就是在一定空间中最简单的图形。N 维的单纯形，就是 $N+1$ 个顶点组成的图形，如二维空间，单纯形是三角形。设二元函数 $J(x_1,\ x_2)$ 构成二维空间，由不在一条直线上的三个点 X_H、X_G、X_L 构成了一个单纯形。由三个顶点计算出相应的函数值 J_H、J_G、J_L。若 $J_H>J_G>J_L$，则对于求极小值问题来说，J_H 最差，J_G 次之，J_L 最好。函数的可能变化趋势是：好点在差点对称位置的可能性比较大，因此将 $X_G X_L$ 的中点 X_F 与 X_H 连接，并在 $X_H X_F$ 的射线方向上取 X_H，使 $X_H X_F = X_F X_R$，如图 4-11 所示。

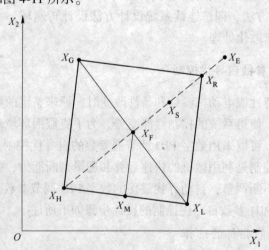

图 4-11　单纯形法的反射与反射点

以 X_R 作为计算点，计算 X_R 的函数 J_R。

（1）若 $J_R>J_G$，则说明步长太大，以致 X_R 并不比 X_H 好多少，为此，需要

压缩步长，可在 X_R 与 X_H 间另选新点 X_S。

（2）若 $J_R < J_G$，则说明情况有好转，还可以加大步长，即在 $X_H X_R$ 的延长线上取一新点 X_E。若 $J_E < J_R$，则取 X_E 作为新点 X_S；若 $J_E \geqslant J_R$，则取 X_R 作为新点 X_S。

总之，一定可以得到一个新点 X_S。

若 $J_S < J_G$，则说明情况确有改善，可舍弃原来的 X_H 点，而以 X_G、X_L、X_S 三点构成一个新的单纯形 $\{X_G, X_L, X_S\}$，称作单纯形扩张，然后，重复上述步骤。

若 $J_S \geqslant J_G$，则说明 X_S 代替 X_H 改善不大，可把原来的单纯形 $\{X_H, X_G, X_L\}$ 按照一定的比例缩小，例如边长都缩小一半，构成新的单纯形 $\{X_F, X_L, X_M\}$，称作单纯形收缩。然后，重复以前的步骤，直至满足给定的收敛条件。

根据上述单纯形算法原理，可以画出算法流程图，如图 4-12 所示，根据它可以编出相应程序。

图中，X_0 为初始点；λ 为压缩因子，可取 $\lambda = 0.75$；μ 为扩张因子，可取 $\mu = 1.5$；h 为初始步长，通常 h 值取在 $0.5 \sim 1.5$ 之间，h 的选择影响单纯形搜索的效果；E_i 为第 i 个单位坐标向量；ε 为寻优精度，可取 $\varepsilon = 0.03$；N 为维数，$N = 3$；K 为最大迭代次数。

4.5.6.3 自寻优数字调节器的设计

自寻优数字调节器除了实现信号的变换，给定与比较功能外，还需完成性能指标的计算和 PID 参数的自动寻优。自寻优数字 PID 调节器参数自寻优控制系统的框图如图 4-13 所示。数字 PID 控制算法可采用位置式算法

$$u(k) = K_p e(k) + K_i \sum_{j=0}^{k} e(j) + K_d \Delta e(k) \tag{4-21}$$

式中

$$e(k) = r(k) - c(k)$$

$$\Delta e(k) = e(k) - e(k-1)$$

$$K_i = \frac{K_p T}{T_1}$$

$$K_d = \frac{K_p T_d}{T}$$

编程采用的实际算法为

$$u(k) = u(k-1) + \Delta u(k) \tag{4-22}$$

$$\Delta u(k) = Ae(k) - Be(k-1) + Ce(k-2)$$

式中

$$A = K_p + K_i + K_d$$

$$B = K_p + 2K_d$$

$$C = K_d$$

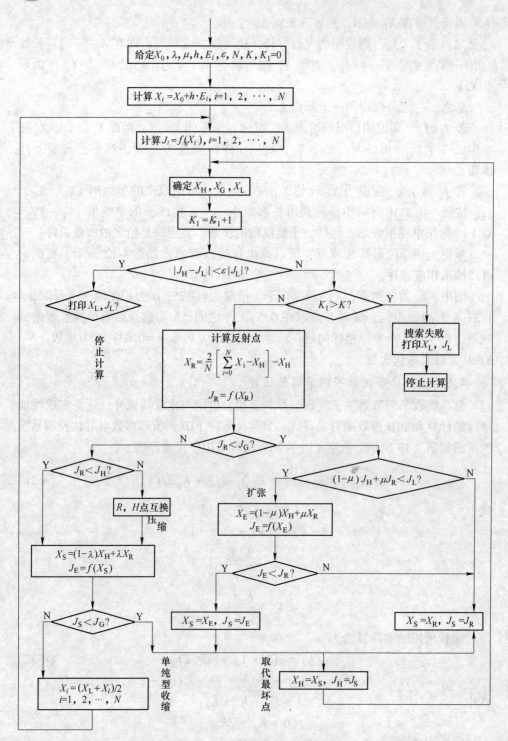

图 4-12 单纯形加速算法流程图

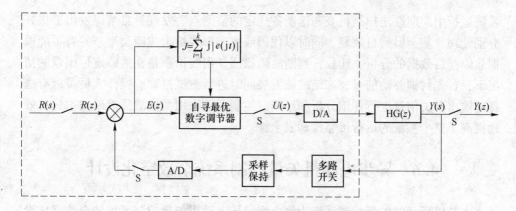

图 4-13　数字 PID 参数自寻优控制算法

经推导得

$$
\begin{cases}
K_p = B - 2C \\
T_i = (B - 2C)T/(A - B + C) \\
T_d = CT/(B - 2C)
\end{cases}
\tag{4-23}
$$

若已知 A、B、C，便可推导出相应的 K_p、T_i、T_d。

4.5.7　数字控制系统的故障自诊断与保护功能

实际应用中的控制系统难免会出现各种故障，产生故障的原因可能来自外部，也可能来自系统内部。数字控制系统十分突出的优点是，除了能实现准确控制外，还能完成对故障的自诊断，并采用适当的保护措施，减少或避免故障的发生。如果故障已经发生，则应避免故障继续扩大，使损失降到最低的限度。

运用微处理器的逻辑判断与数值运算功能，对实施采样的资料进行必要的处理和分析，利用故障诊断模型或专家知识库进行推理，对故障类型或故障发生处做出正确的判断，使得数字控制系统在故障检测、保护与自诊断方面有着模拟系统无法比拟的优势。虽然计算机故障自诊断还不能完全取代人工故障诊断，但计算机系统能真实可靠地记录发生故障时及其前一段时间内系统的运行状态，为人工故障诊断提供了有力的依据。

目前的数字控制器主要可以完成对电源的瞬时停电、失电压、过电压；电动机系统的过电流、过载；功率半导体器件的过热和工作状态进行保护或干预，使之正常运行。

故障保护功能可以实现开机自诊断、在线诊断和离线诊断。开机自诊断是在开机运行前由微机执行一段诊断程序，检查主电路是否缺相、短路，熔断器是否完好，微机自身各部分是否正常等，确认无误后才允许开机运行。在线诊断是在系统运行中周期性地扫描检查和诊断各规定的监测点。发现异常情况发出警报并分别处理,甚至做到自恢复。同时以代码或文字形式给出故障类型,并有可能根据故障前后数据的分析、比较,判断故障原因。离线诊断是在故障定位困难的情况下,首先封锁驱动信号,冻结故障发展同时进行测试推理。操作人员可以有选择地输出有关信息进行详细分析和诊断,控制系统采用微机故障诊断技术后有效地提高了整个系统的运行可靠性和安全性。

4.6　异步电动机矢量控制系统全数字化设计

本节以所示的矢量控制系统为例介绍异步电动机矢量控制系统的全数字化设计方法,其硬件结构图如图 4-14 所示。由于数字信号处理器 DSP 具有硬件结构简单、控制算法灵活、抗干扰性强、无漂移、兼容性好等优点,现已广泛应用于交流电动机控制系统中,因此本节介绍的数字矢量控制系统是以 DSP 作为控制核心的控制系统。

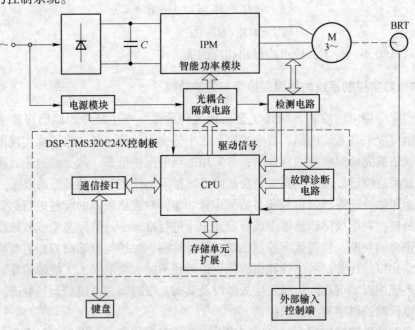

图 4-14　以 DSP 为控制核心的数字异步电动机控制系统

4.6.1　以 DSP 为控制核心的数字异步电动机矢量控制系统的硬件组成

DSP-TMS320C24X 控制板逻辑框图和内部结构图如图 4-15 所示。

数字信号处理器(DSP)是一种高速专用微处理器,运算功能强大,能实现

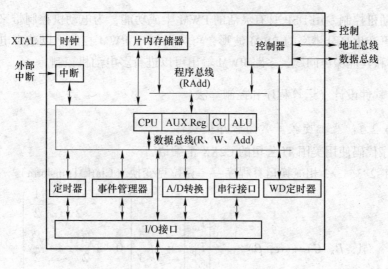

图 4-15 DSP-TMS320C24X 内部结构

高速输入和高速率传输数据。它专门处理以运算为主且不允许迟延的实时信号，可高效进行快速傅里叶变换运算。它包含灵活可变的 I/O 接口和片内 I/O 管理，以及高速并行数据处理算法的优化指令集。数字信号处理器的精度高，可靠性好，其先进的品质与性能为电动机控制提供了极大的支持。数字信号处理器保持了微处理器自成系统的特点，又具有优于通用微处理器对数字信号处理的运算能力。

TMS320C24X 是美国 TI 公司（TEXASINSTRUMENTS）于 1997 年推出的一种始于工业控制，尤其适于电动机控制的 DSP 芯片。具有高性能处理和运算能力，是一个高性能的 DSP 内核和片内外器件集成为一个芯片的高级工业数字控制器。

DSP-TMS320C24X 各个模块的功能为：

（1）给定值模块的作用为：多项式拟合；模块查表及插值。

（2）数字控制模块的作用为：实现 PID 控制算法；参数/状态估计：磁场定向控制（FOC）变换；无速度传感器算法；自适应控制算法。

（3）驱动给定 PWM 发生模块的作用为：PWM 生成；AC 电动机的换向控制；功率因数校正（PFC）；高速弱磁控制；直流纹波补偿。

（4）信号转换及信号调理模块的作用为：A/D 控制，数字滤波。

在交流电动机控制中，DSP 所特有的高速计算能力，可以用来增加采样频率，并完成复杂的信号处理和控制算法。PID 算法、卡尔曼滤波、FFT、状态观测器、自适应控制及智能控制等，均可利用 DSP 在较短的采样周期内完成。在自适应控制中，系统参数、状态变量可以通过状态观测器加以辨识。因此，利用 DSP 的信号处理能力还可以减少传感器的数量（比如位置、速度和磁通传感器）。

电动机控制专用 DSP 具有灵活的 PWM 生成功能，为电动机控制带来了许多便利：可产生高分辨率的 PWM 波形，可灵活实现 PWM 控制，以减少电磁干扰（EMI）和其他噪声问题，多路 PWM 输出可以进行多电动机控制。

4.6.2 软件设计（运算程序和控制算法）

4.6.2.1 坐标变换等常用程序块软件

程序代码使用美国 TI 公司的 C2XX 汇编语言。

（1）2/3、3/2 相变换运算程序——克拉克变换（Clark Transform）。

$$(A,\ B,\ C) \Rightarrow (\alpha,\ \beta) \quad \begin{pmatrix} i_{s\alpha} \\ i_{s\beta} \\ i_0 \end{pmatrix} = \sqrt{\frac{2}{3}} \begin{pmatrix} 1 & -\dfrac{1}{2} & -\dfrac{1}{2} \\ 0 & \dfrac{\sqrt{3}}{2} & -\dfrac{\sqrt{3}}{2} \\ \dfrac{1}{\sqrt{2}} & \dfrac{1}{\sqrt{2}} & \dfrac{1}{\sqrt{2}} \end{pmatrix}$$

$$(\alpha,\ \beta) \Rightarrow (A,\ B,\ C) \quad \begin{pmatrix} i_A \\ i_B \\ i_C \end{pmatrix} = \sqrt{\frac{3}{2}} \begin{pmatrix} 1 & 0 & \dfrac{1}{\sqrt{2}} \\ -\dfrac{1}{2} & \dfrac{\sqrt{3}}{2} & \dfrac{1}{\sqrt{2}} \\ -\dfrac{1}{\sqrt{2}} & -\dfrac{\sqrt{3}}{2} & \dfrac{1}{\sqrt{2}} \end{pmatrix}$$

克拉克变换程序举例如下：

```
i_αβ_ i_ABC   ldp  #4                ; 指向 B0 块的 0 页
              larp AR0               ; 指向 AR0
              lar  AR0; #i _ αβ _ T  ; 定子 α 轴电流给定值→TREG
              mpy  *  +              ; 2/3 * ids _ cmd  (Q27 = D4, 32 位)
                                     ; Qx * Qy = Q(x+y)
                                     ; Dx * Dy = D(x+y+1)
              mar  *  +              ; +0 * iqs _ cmd
              spm  0                 ; PREG 不左移
              pac                    ; PREG→ACC
              sach i_A_ cmd, 1       ; 左移并保存，注意 Q 定标是从最低位数
                                     ; 起，D 定标是从最高位数起
                                     ; -1/3→AR0
              it   i_1s_ cmd         ; i_sα_ cmd→TREG（Q12 = D3）
              mpy  *  +              ; -1/3 * i_sα_ cmd（Q28 = D3, 32 位）
```

```
                                    ; 1/√3→AR0 (Q15=D0)
        itp  i_sβ_cmd               ; p→ACC, i_sβ_cmd→TREG (Q27=D4)
                                    ; -1/3→AR0 (Q16=D-1)
        spm  1                      ; 设 PREG 左移一位
        lta  i_ls                   ; ACC+左移后的 PREG→ACC
                                    ; -1/3 i_sα_cmd+1/√3 i_sβ_cmd
                                    ; load i_sα_cmd (Q12=D3)
        sach i_B_cmd                ; 保存 (Q12=D3)
        mpy  * +                    ; -1/3 * i_sα_cmd (Q28=D3)
                                    ; -1/3→AR0 (Q15=D3)
        spm  0                      ; 设置 PREG 为不左移
        ltp  i_sβ_cmd               ; PREG→ACC, Q28=D3, i_sβ_cmd→TREG
        mpy  * +                    ; -1/√3 * * i_sβ_cmd→TREG
        spm  1                      ; 设 PREG 左移一位
        apac                        ; PREG+ACC→ACC-1/3 i_sα_cmd
                                    ; -1/√3 * * i_sβ_cmd→ACC
        sach iC_cmd                 ; 保存
        spm  0
        ret
```

（2）旋转变换。旋转变换是矢量控制系统中常用的旋转变换，是从固定 α、β 轴变换到同步旋转的 M、T 轴，具有以下形式：

$$\begin{bmatrix} i_{sM} \\ i_{sT} \end{bmatrix} = \begin{bmatrix} \cos\varphi_s & \sin\varphi_s \\ -\sin\varphi_s & \cos\varphi_s \end{bmatrix} \begin{bmatrix} i_{s\alpha} \\ i_{s\beta} \end{bmatrix}$$

从同步旋转的 M、T 轴到固定的 α、β 轴的变换为

$$\begin{bmatrix} i_{s\alpha} \\ i_{s\beta} \end{bmatrix} = \begin{bmatrix} \cos\varphi_s & -\sin\varphi_s \\ \sin\varphi_s & \cos\varphi_s \end{bmatrix} \begin{bmatrix} i_{sM} \\ i_{sT} \end{bmatrix}$$

派克变换程序：

```
i_MT_i_αβ  ldp  #4                 ; 指向 B0 块的 0 页
        lt   i_ls_cmd              ; IMs→TREG, Q12=D3
        mpy  cos_theta_rf          ; cos * IDs→PREG, Q27=D4
        SPM  1                     ; 设 PREG 左移一位
                                   ; Q28=D3
        ltp  i_sβ_cmd              ; PREG 左移后的结果→ACC
                                   ; Q28=D3
                                   ; i_sβ→TREG, Q12=D3
        mpy  sin_theta_rf          ; sin * i_sβ→PREG, Q27=D4
```

```
       mpy  cos_theta_rf  ; PREG 左移一位+ACC→ACC, Q28=D3,
                          ; cos * i_sβ→PREG, Q27=D4
       sach i_sM_ cmd     ; ACC 高字节保存到 i_sM 中, Q12=D3
       ltp  i_1s_ cmd     ; PREG 左移一位, Q28=D3
                          ; PREG→ACC, Q12=D3
       mpy  sin_theta_rf  ; sin * i_sα→PREG, Q12=D3
       apac               ; PREG 左移一位, Q28=D3
                          ; ACC+PREG→ACC, Q28=D3
       sach i_sT_ cmd     ; ACC 高字节保存到 i_sT, Q12=D3
       spm  0             ; (DAF)
       ret
```

（3）通过查表和插值实现 sin/cos 函数的计算。通过查表和插值实现 cos 函数的程序如图 4-16 所示，求 sin 函数的程序基本相同，只是相差 90°。

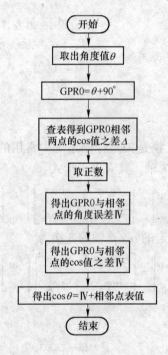

图 4-16　通过查表和插值实现 cos 函数的程序流程

```
COS_FUNC: PIONT_B0
LACC THETA
ADD  #16384        ; +90°, 即 cos(A)=sin(A+90°)
SACL GPR0          ; 此处 90°=FFFFh/4
LACC GPR0, 8
```

```
SACH   T _ PTR        ; 表指针
SFR                   ; 将插值常数 IV 转化为 Q15
AND   #07FFFh         ; 强制 IV 为一个正数
SACL   IV
LACC   #SIN _ TABLE
ADD   T _ PTR
TBLR   COS _ YHEYA    ; cos _ THETA = sin( THETA+90°)
ADD   #1h             ; 表指针+1
TBLR   NXT _ ENTRY    ; 读出下一项
LACC   NXT _ ENTRY
SUB   COS _ THETA     ; 得到两点的差值
SACL   DELTA _ ANGL
LT   DELTA _ ANGL
MPY   IV              ; IV=插值常数
PAC
SACH   IV, 1
LACC   IV
ADD   COS _ THETA
SACL   COS _ THETA    ; cos _ THETA =插值后的结果
RET
```

求 sin 函数的程序基本相同，只是相差 90°。

sin 函数表（部分）如下：

```
SIN _ TABLE .word    0;        0      0.00       0.000
            .word    804;      1      1.41       0.0245
            .word    1608;     2      2.82       0.0491
            .word    2410;     3      4.22       0.0736
            .word    3212;     4      5.63       0.0980
            .word    4011;     5      7.03       0.1224
            .word    4804;     6      8.44       0.1467
            .word    5602;     7      9.84       0.1710
            .word    6393;     8      11.25      0.1951
            .word    7179;     9      12.66      0.2191
            .word    7962;     10     14.06      0.2430
            .word    8739;     11     15.47      0.2667
            .word    9512;     12     16.88      0.2903
            .word    10278;    13     18.28      0.3137
            .word    11039;    14     19.69      0.3369
            .word    11793;    15     21.09      0.3599
```

　　说明：此表共有 256 个点，对应 0°~360°之间的角度。平均每 1.4°角就有一个精确的值。增量需要转换成 Q15 的定标值。

　　(4) 捕获单元和 QEP（正交编码脉冲）解码模块：

　　1) 捕获单元功能（见图 4-17）配合一个定时器，捕获单元可以检测上升、下降的时刻；可以有效地减少输入信号抖动现象；捕获单元的处理结果保存在先进先出（FIFO）中，以简化软件实现的复杂程度；捕获事件可以触发中断。

　　2) QEP 模块功能（见图 4-18）。译码器输出直接连到 DSP；一个定时器可与 QEP 模块结合起来为位置信号记数；起始脉冲可以被记录下来用以定位；可减少脉冲输入的抖动和噪声干扰；内部逻辑电路可以检测转子转动方向；可以产生不同的中断。

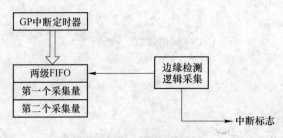

图 4-17　捕获单元结构图

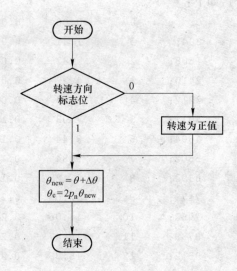

图 4-18　使用 QEP 模拟实现位置判断的程序流程图

```
                              ; Caculate THETA from the shaft coder
        SPM1
        CLRC
        PIONT_EV
        BIT  GPTCON, BIT14      ; 判断旋转方向
        BCND  UP_COUNT, TC      ; 如果为1, 则为加记数, 不需纠正
        DWN_COUNT
        LACC  T2CNT             ; 取减记数初值
        SUBS  dwn_cnt_offset    ; FFFF→F060h (360°→0°)
        B  UC-01
        UP_COUNT
        LACC  T2CNT             ; 取得当前角度记数值
        UC_01  POINT_B0
        ADD  #CAL_ANGLE         ; 加上偏移量
        SACL  GPR0              ; 暂存
        SUB  #ENCODER_MAX       ; 判断是否过了360°点
        BCND  NO_WRAP, LEQ      ; 如果是, 则减去360°对应的记数值
WAP     LACC  GPR0
        SUB  #ENCODER_MAX       ; 新的角度 theta=theta+Cal_angle-4000
        SACL  GPR0
NO_     WARP LACC  GPR0, 1      ; 电角度=2X 机械角度
        SACL  GPR0
        LT  GPR0                ; 取得轴角度 (0→8000)
        MPY  ANGLE_SCALE        ; 乘上比例系数转到 0→FFFFh
        PAC
        SACH  THETA, 5          ; THETA 现在是 Q0 格式了
        SPM  0
```

（5）使用 QEP 进行转速检测。转速检测的算法由下式得到，即根据测得的轴的位置来获得转子转速（见图 4-19）。

$$转子转速 = \frac{两次检测的轴位置角度的差值}{\Delta t(\Delta t \text{ 为 F240PWM 周期})}$$

使用 QEP 进行转速检测的程序：

```
SPEED_MEAS  POINT_B0
        LACC  SPEED_PRD_CNT
        ADD  #1
        SACL  #SPEED_PRD_CNT
        SUB  #SPEED_LP_CNT
        BCND  SKJP_SPD_MEAS, LT
```

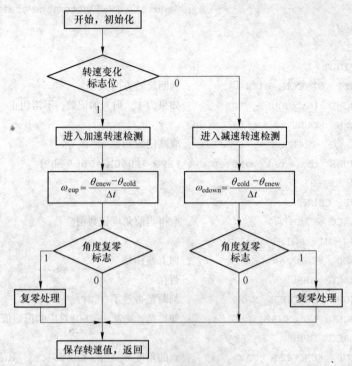

图 4-19 使用 QEP 进行转速检测的流程图

```
CALC _ SPEED
        LACC  SHAFT _ ANGLE
        SACL  OLD _ SHAFT _ ANGLE
        PIONT _ EV
        BIT  GPTCN, BIT14              ;判断旋转方向
        BCND  U _ CNT, TC              ;如果为 1, 加计数;如果为 0, 减
                                       ;计数
D _ CNT  LACC  T2CNT
        SUBS  Dwn _ cnt _ offset       ;FFFF→F06h (360°→0°)
        POINT _ B0
        SACL  SHAFT _ ANGLE
        LACC  OLD _ SHAFT _ ANGLE
        SUB  SHAFT _ NGLE              ;ACC = OLD _ SHAFT _ ANGLE _ SH-
                                       ;AFT _ ANGLE
        BCND  SMD_ CASE2, LT           ;判断是否过了一周
        SACL  DELTA _ SHAFT _ ANGLE
        SPLK  #0, SPEED _ PRD _ CNT    ;重置计数值
```

```
          B  BOX _ CAR
SMD _ CASE2
          ADD   #ENCODER _ MAX
          SACL  DELTA _ SHAFT _ ANGLE
          SPLR  #0, SPEED _ PRD _ CNT    ; 重置计数值
          B  BOX _ CAR
U _ CNT  LACC  T2CNT
          POINT _ B0
          SACL  SHAFT _ ANGLE          ; ACC = 新角度-旧角度
          BCND  SMU _ CASE2, LT        ; 判断是否过了一周
          SACL  DELTA _ SHAFT _ ANGLE
          SPLR  #0, SPEED _ PRD _ CNT    ; 重置计数值
          B  BOX _ CAR
SMU _ CASE2
          ADD   #ENCODER _ MAX
          SACL  DELTA _ SHAFT _ ANGLE
          SPLR  #0, SPEED _ PRD _ CNT    ; 重置计数值
```

4.6.2.2 数字调节器设计

对图 4-20a 所示速度系统中的转矩闭环因其采样时间可以取得很小，因此可采用连续-离散设计法来设计数字 ATR；对于转速环而言，由于采样时间不能很小，因而采用离散设计法来设计数字 ASR。图 4-20b 所示磁链闭环系统由于采样时间不可取得很小，因而数字磁链调节器采用离散设计法进行设计。

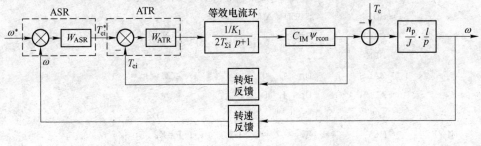

a

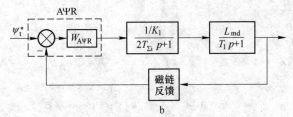

b

图 4-20 转速闭环子系统和磁链闭环子系统

a—带转矩内环的转速闭环子系统；b—磁链闭环子系统

　　ASR、ATR、AΨR 的控制算法通常为 P、PI、PD、PID 等。这里给出 DSP 数字 PID 调节器程序框图，如图 4-21 所示。

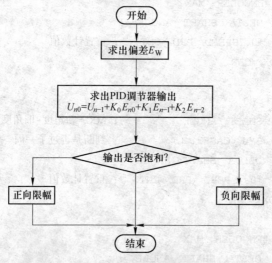

图 4-21　PID 控制器程序框图

　　DSP 数字 PID 程序：这个 PID 的实现程序具有自检功能、饱和情况的处理、32 位积分器和数字稳定性控制。

　　DSP 数字 PID 程序：

```
PID_CNTL: POINT_B0
            LACC      SPEED_SP            ; 当前转速
            SUB       SPED_AVG
            SACL      En0                 ; 转速误差
            SPM       1
            ZALS      Un_L_0              ; ACC=Un=1
            ADDH      Un_L_0
            LT        En2                 ; T=En2
MPYK2:      MPY       K2                  ; P=K2.En-2
            LTD       En1                 ; ACC=Un-1+K1.En-1+K2.En-2
MPYK1:      MPY       K1                  ; P=K1.En-1
            LTD       En0                 ; ACC=Un-1+K2.En-2
MPYK0:      MPY       K0                  ; P=K0.En-0
            APAC                          ; ACC=Un-1+K0.En-0+K1.En-1
                                          ; +K2.En-2
UH:         SACH      Un_H_0              ; Un-0=ACC
UL:         SACL      Un_L_0              ; 32 位加法器
```

```
            LACC        Un _ H _ 0              ; 否则保留当前值
            ADD         #6000H
            BCND        MP _ SAT
                        _ MINUS, LT             ; 如果最小值溢出，则取最小值-Ve
            LACC        Un _ H _ 0              ; 否则保留当前值
            SUB         $6000H
            BCND        MP _ SAT
                        _ PLUS, GEQ             ; 如果最小值溢出，则取最小值+Ve
            LACC        Un _ H _ 0              ; 否则保留当前值
            B           SMPL _ DELAY
MP _ SAT _ MINUS:                               ; 饱和控制
            SPLK        #MAX _ NEG _ CURR, Un _ H _ 0
            SPLK        #0, Un _ L _ 0
            B           SMPL _ DELAY

MP _ SAT _ PLUS:
SLK         #MAX _ POS _ CURR, Un _ H _ 0
            SPLK        #0, Un _ L _ 0
```

　　需要指出的是，为了避免或减少复现信号与原有信号之间的畸变和滞后相移，在连续控制系统离散化设计中，必须使采样周期尽量短，但也不能无限减短。通常根据香农采样定理，使采样频率 $f = 1/T$ 不小于连续信号频谱中最高频率的两倍。

　　另外，对于多回路控制系统中，由于各回路的频带不同，实际系统中各回路选择的采样频率也不同，通常各回路采样频率为各回路频带的 6~8 倍。

4.7　永磁同步电动机直接转矩控制系统全数字化设计

　　数字永磁同步电动机直接转矩控制系统的组成为：PMSM 驱动电动机、光电编码器、IPM 模块、以 DSP 为核心的控制系统、隔离保护电路等，其系统的结构框图如图 4-22 所示。

4.7.1　硬件系统

　　以 DSP 为控制核心的数字永磁同步电动机直接转矩控制系统的硬件系统，TMS320F2812 的功能框图如图 4-23 所示。

　　TMS320F2812 是 32 位定点 DSP 芯片，是目前工业控制和机器人控制等领域中最高档的 DSP 之一。与 F2407A 数字信号处理器相比，F2812 提高了运算的精度（32 位）和系统的处理能力（达到 150MHz），还集成了 128KB 的 FLASH 存

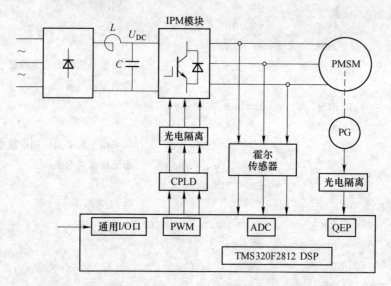

图 4-22 以 DSP 为控制核心的数字永磁同步电动机控制系统

储器，4KB 的引导 ROM，数学运算表以及 2KB 的 OTPROM，从而大大改善了应用的灵活性。两个事件管理器模块为电动机及功率变换控制提供了良好的控制功能。16 通道 12 位 ADC 单元提供了两个采样保持电路，可以实现双通道信号同步采样，归纳起来 TMS320F2812 有以下特点：

（1）TMS320F2812 DSP 采用高性能的静态 CMOS 技术：

1）主频达 150MHz（时钟周期 6.67ns）。

2）低功耗设计。

3）Flash 编程电压 3.3V。

（2）高性能的 32 位 CPU：

1）16×16 和 32×32 位的乘法累加操作。

2）16×16 位的双乘法累加器。

3）哈佛总线结构。

4）快速中断响应和处理能力。

5）统一寻址模式。

6）4MB 的程序/数据寻址空间。

7）高效的代码转换功能（支持 C/C++和汇编语言）。

8）代码和指令与 F24 系列数字信号处理器完全兼容。

（3）片上存储器。

1）最多达 128KB×16 位的 Flash 存储器。

2）最多达 128KB×16 位的 ROM。

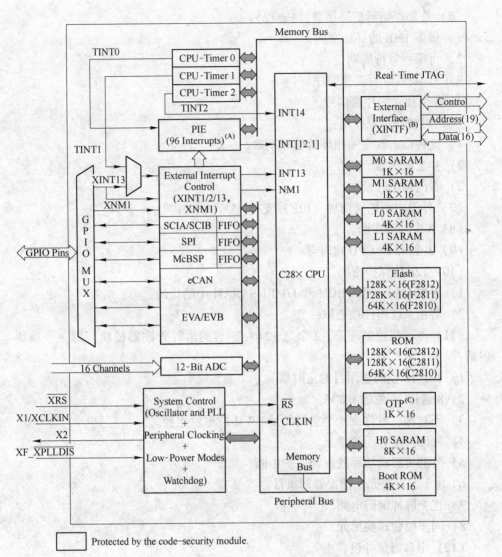

图 4-23 TMS320F2812 的功能框图

3）1KB×16 位的 OTPROM。

4）L0 和 L1：两块 4KB×16 位的单周期访问 RAM（SARAM）。

5）H0：一块 8KB×16 位的单周期访问 RAM（SARAM）。

6）M0 和 M1：两块 1KB×16 位的单周期访问 RAM（SARAM）。

（4）引导（BOOT）ROM：

1）带有软件启动模式。

2）数学运算表。

（5）外部存储器扩展接口（Fz812）：

1）最多 1MB 的寻址空间。

2）可编程等待周期。

3）可编程读/写选择时序。

4）3 个独立的片选信号。

（6）时钟和系统控制：

1）支持动态改变锁相环的倍频系数。

2）片上振荡器。

3）看门狗定时模块。

（7）外设中断扩展模块（PIE）支持 45 个外设中断。

（8）3 个外部中断。

（9）3 个 32 位 CPU 定时器。

（10）128 位保护密码。

1）保护 Flash/OTP/ROM 和 L0/L1 SARAM 中的代码。

2）防止系统固件被盗取。

（11）电动机控制外设，2 个与 F240x 兼容的事件管理器模块，每一个模块包括：

1）2 个 16 位的通用目的定时器。

2）8 通道 16 位的 PWM。

3）不对称、对称或 4 个空间矢量 PWM 波形发生器。

4）死区产生和配置单元。

5）外部可屏蔽功率或驱动保护中断。

6）3 个捕捉单元，捕捉外部事件。

7）正交脉冲编码电路。

8）同步模数转换单元。

（12）串口通信外设。

1）串行外设接口（SPI）。

2）2 个 UART 接口模块（SCI）。

3）增强的 eCAN2.0B 接口模块。

4）多道缓冲串口（McBSP）。

（13）12 位模数转换模块。

1）2×8 通道复用输入接口。

2）2 个采样保持电路。

3）单/连续通道转换。

4）流水线最快转换周期为 60ns，单通道最快转换周期为 200ns。

5）可以使用 2 个事件管理器顺序触发 8 对模数转换。

（14）高达 56 个可配置通用目的 I/O 引脚。

（15）先进的仿真调试功能。

1）分析和断点功能。

2）硬件支持实时仿真功能。

（16）低功耗模式和省电模式。

1）支持 IDLE，STANDBY，HALT 模式。

2）禁止外设独立时钟。

整个系统以 TMS320F2812 为核心，所有复杂的控制算法及控制策略都是通过该控制器来实现的，本系统涉及 DSP 的大部分集成外设，如事件管理器 EV、异步串行通信接口 SCI、模数转换器 ADC、PWM 发生模块以及 JTAG 仿真接口等。在该系统中，使用事件管理 EV 控制逆变器，并通过正交编码电路接口检测电动机的位置和速度信号，采用 F2812 处理器的 AD 单元检测电流信号。

4.7.2 软件设计

软件设计采用了模块化编程的思想，构造了 3/2 变换模块、PWM 生成模块、串口通信模块、A/D 转换模块、滞环比较器模块、速度检测模块、定子磁链计算模块、转矩计算模块、PI 模块、磁链扇区判断模块、矢量选择模块等，最终调用这些子模块构成主程序及其他子程序。因该设计的核心部件采用的 TMS320F2812 DSP 芯片，该 CPU 支持 C/C++编程，所以软件设计选用的编程语言为 C 语言，编制环境为 CCS2.2。

主程序流程图如图 4-24a 所示，从中可以看出，主程序从开始执行到最后结束大致分为 3 个阶段。

（1）系统模块初始化阶段：首先封锁 PWM 输出，系统主电路正常后开始定义功能引脚，初始化 A/D、I/O 口、PWM 口、QEP 口等。

（2）初始化阶段：屏蔽 DSP 中断，对转子位置、各种参数、DSP 寄存器进行初始化，初始化 CPU 中断、中断向量表、定时器 1 设置、定时器 2 设置、QEP 设置；初始化各种变量，各种计算模块、调节模块、坐标变换模块等。然后打开 DSP 中断和故障中断，循环等待。本阶段可以看成是电动机的起动过程，因此转速给定值不宜过大，待程序进入下一阶段后即可进行正常的调速、运行状态。

（3）循环等待中断阶段：定时器的中断服务程序是控制程序的核心部分，它包括 T1 定时器中断服务子程序（见图 4-24b）、T2 定时器中断服务子程序（用于速度环调节）和故障诊断子程序。T1 中断服务子程序的作用是在每个周期内选择正确的空间电压矢量并转换为 PWM 开关信号控制逆变器的开关，实现要求的控制算法。该中断服务模块完成系统的主要控制算法，包括 A/D 采样，坐标

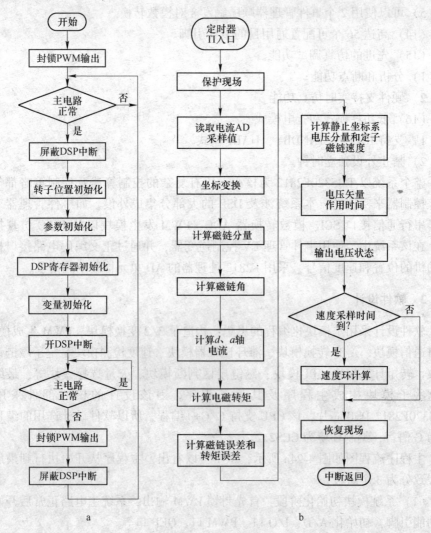

图 4-24　系统程序框图
a—主程序框图；b—T1 中断服务子程序框图

变换、磁链与转矩的计算、定子磁链扇区位置的判断、电压矢量的选择、矢量作用时间的计算、空间矢量 PWM 波形的产生等。模块中算法比较繁多，可以采用一些有效的方法和技巧减小运算量，提高系统的性能。故障中断是所有中断中优先级最高的，一旦发生故障，中断服务程序就将封锁 PWM 的输出，进而停机。

（4）控制器。以 DSP 作为控制核心，实现所要求的各种功能，关键在于控制软件的设计。控制算法采用 8.3 节介绍的直接转矩控制方法，用汇编语言实现编程。另外控制管理程序应完成对键盘、显示、中断等的控制功能。

总之，以 DSP 作为控制核心，用其产生所需的 PWM 控制信号驱动逆变器，由软件实现速度调节器、转矩调节器和磁链调节器，最终达到异步电动机直接转矩控制的目的，调速性能满足要求。

4.8 交流伺服系统全数字化设计

4.8.1 交流伺服系统方案设计

以 DSP 为核心的交流伺服系统，控制器采用 DSP 芯片 TMS320F28335，该芯片为电动机专用控制器芯片，内含丰富的速度检测及 PWM 输出等功能。主回路采用 IPM 智能功率模块 PS21867，与 IGBT 相比，性能和可靠性有进一步的提高。IPM 集成了驱动和保护电路，动态损耗和开关损耗都比较低，散热器减小，系统尺寸也减小。IPM 在故障情况下的自保护能力，减低了器件在使用中的损坏机会。交流伺服电动机选用交流永磁伺服电动机，控制策略采用矢量控制技术。

4.8.2 交流伺服系统硬件设计

4.8.2.1 以 DSP 为核心的交流伺服系统硬件设计

以 DSP（TMS320F28335）为核心的全数字化系统总的硬件功能框图如图 4-25 所示，系统硬件设计应满足伺服系统以下功能要求：

（1）具有完成各种矢量坐标变换运算的微处理器功能。

（2）具有调节输出量控制的控制器功能。

（3）SVPWM（即空间矢量 PWM）控制输出。

（4）必要的故障检测及保护环节。

（5）输入和输出接口。

（6）具有功率放大功能的逆变器。

DSP 选用 TMS320F28335，DSP 主要完成各种矢量坐标变换运算；实现调节输出量控制的输出；实现 SVPWM（即空间矢量 PWM）控制输出；片内的正交脉冲编码电路可以用作与一个光学编码器接口以获取电机的位置和速度信息；片内的双 ADC 可对两路模拟输入同时测量采样；片内的串行通信接口可以实现对系统的参数设定；片内的串行外设接口可直接与显示驱动器和模数转换器连接。

IPM 模块采用日本三菱公司生产的六合一模块 PS21867，主电路结构原理图如图 4-26 所示。

三相空气开关 QF1，对其后元件或电路的短路起到保护作用，并联的三个压敏电阻 RV1、2、3，对输入浪涌电压有一定限制作用，接触器 KM，其三个主触

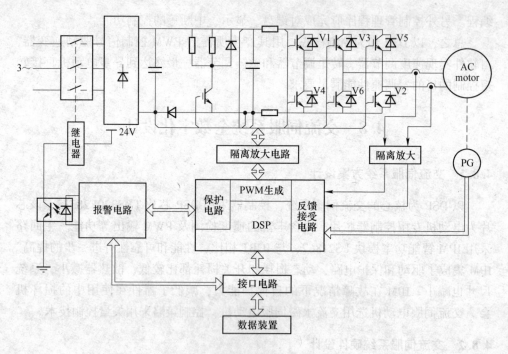

图 4-25　交流伺服系统硬件结构图

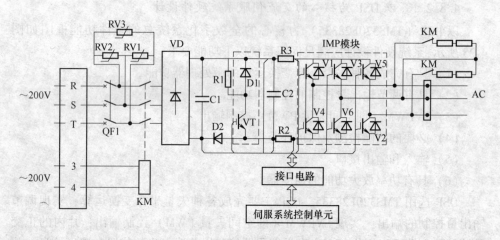

图 4-26　主电路结构原理图

点用来控制电源的通断，由一个常开触点用来作为准备好应答信号，还有两个常闭触点用来紧急停止时，接通电动机动力线上的两个制动电阻实现能耗制动，PWM 变换器主电路的直流电源是二极管的三相全桥整流电源，因整流器不允许电流逆向流动，所以在电动机转速由高速到低速的过程中，拖动系统储存的能量不可能通过变流器回馈给电网，只能向滤波电容器 C2 充电。这种因回馈能量使电源瞬时升高的电压称泵升电压。泵升电压过高时并联在母线上的所有器件的耐压都有影响，故必须采取措施加以限制，图中的二极管 VD1、二极管 VD2、电阻 R1 和功率三极管 VT 构成了放电保护电路。

控制系统要求测知三相电流，简单的方法是通过电流传感器直接测得三相电流，基于电机绕组的连接方式，要求至少需要两个电流传感器串接在动力线中。通常这类传感器需要隔离。

速度位置检测中，用 TMS320F28335 事件管理模块中的正交脉冲编码（QEP）电路可以对增量式光电码盘产生的两路脉冲信号进行译码和计算，从而实现读取处于转动工作状态下的电机的转子位置和转速信息。正交脉冲编码电路结构框图如图 4-27 所示。

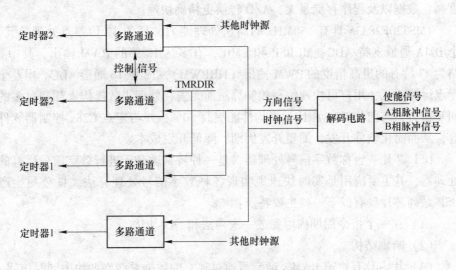

图 4-27 正交脉冲编码电路框图

解码电路从增量式光电码盘引入 A、B 两相脉冲信号，对这两路相位差 90 度的脉冲信号进行处理。QEP 电路对输入脉冲的边缘进行计数，因此从解码电路输出的时钟信号频率是输入信号频率的四倍。在对输入信号四倍频同时，解码电路来生成一个方向信号，可以用其来判断电机的旋转方向。正交编码器脉冲和解码的定时器时钟设置及计数方向如图 4-28 所示。

选定的通用定时器总是从它的当前值开始计数。可以在计数开始时给通用定时器设置一个预定的初始计数值。

事件管理模块中的正交脉冲编码电路对于电机转子转速和位置测量提供极大的便利条件，简化了系统的硬件设计。

4.8.2.2 TMS320F28335 简介

TMS320F28335 是美国 TI 公司的一款 TMS320C28X 系列浮点 DSP 控制器。与

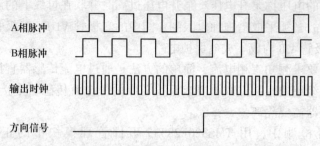

A相脉冲

B相脉冲

输出时钟

方向信号

图 4-28 正交编码脉冲和解码的定时器时钟设置以及记数方向

以往的定点 DSP 相比，该器件的精度高，成本低，功耗小，性能高，外设集成度高，数据以及程序存储量大，A/D 转换更精确快速。

TMS320F28335 具有 150MHz 的高速处理能力，具备 32 位浮点处理单元，6 个 DMA 通道支持 ADC、MCBSP 和 EMIF，有多达 18 路的 PWM 输出，其中有 6 路为 TI 特有的更高精度的 PWM 输出（HRPWM），12 位 16 通道 ADC。得益于其浮点运算单元，用户可快速编写控制算法而无需在处理小数操作上耗费过多的时间和精力，与前代 DSC 相比，平均性能提高 50%，并与定点 C28x 控制器软件兼容，从而简化软件开发，缩短开发周期，降低开发成本。

DSP 芯片，也称数字信号处理器，是一种特别适合于进行数字信号运算的微处理器，其主要应用是实时快速地实现各种数字信号处理算法。Ti 公司生产的 DSP 系列芯片具有以下一些主要特点：

（1）在一个指令周期内可完成一次乘法和一次加法。

（2）哈佛结构。

（3）片内具有快速 RAM，通常可通过独立的数据总线在两块中同时访问。

（4）具有低开销或无开销循环及跳转的硬件支持。

（5）快速的中断处理和硬件 I/O 支持。

（6）具有在单周期内操作的多个硬件地址产生器。

（7）可以并行执行多个操作。

（8）支持流水线操作，使取指令、译码和执行等操作可以重叠执行。

（9）专用的硬件乘法器。

德州仪器公司开发的 TMS320F28335 芯片是专门为电机控制应用而优化设计的工业应用单片 DSP 控制器。这一高度集成化的器件代表了传统微处理器及通用 DSP 处理器方案的重大突破，使电机驱动及调速控制更为简单易行。与其他方案相比，它还提供了更好的电机性能、更低的能耗、更高的可靠性及静音运行。更重要的是，TMS320F28335 具有实时运算能力，并集成了电机控制的外围设备，使设计者只需外加较少的硬件设备，从而降低系统费用。

TMS320F28335 集中了高性能的 TMS320C2XX 系列定点 DSP 内核，为实现电机控制设计了独特的事件管理器模块，TMS320F28335 产品的技术特性：

（1）高性能的静态 CMOS 技术，指令周期为 6.67ns，主频达 150MHz。

（2）高性能的 32 位 CPU，单精度浮点运算单元（FPU），采用哈佛流水线结构，能够快速执行中断响应，并具有统一的内存管理模式，可用 C/C++语言实现复杂的数学算法。

（3）6 通道的 DMA 控制器；片上 256 Kx16 的 Flash 存储器，34 Kx16 的 SARAM 存储器，1 Kx16 OTPROM 和 8 Kx16 的 Boot ROM。其中 Flash，OTPROM，16 Kx16 的 SARAM 均受密码保护。

（4）控制时钟系统具有片上振荡器，看门狗模块，支持动态 PLL 调节，内部可编程锁相环，通过软件设置相应寄存器的值改变 CPU 的输入时钟频率。

（5）8 个外部中断，相对 TMS320F281X 系列的 DSP，无专门的中断引脚。GPIO0-GPIO63 连接到该中断。GPIO0-GPIO31 连接到 XINT1，XINT2 及 XNMI 外部中断，GPIO32-GPIO63 连接到 XINT3-XINT7 外部中断。

（6）支持 58 个外设中断的外设中断扩展控制器（PIE），管理片上外设和外部引脚引起的中断请求。

（7）增强型的外设模块：18 个 PWM 输出，包含 6 个高分辨率脉宽调制模块（HRPWM），6 个事件捕获输入，2 通道的正交调制模块（QEP）。

（8）3 个 32 位的定时器，定时器 0 和定时器 1 用作一般的定时器，定时器 0 接到 PIE 模块，定时器 1 接到中断 INT13；定时器 2 用于 DSP/BIOS 的片上实时系统，连接到中断 INT14，如果系统不使用 DSP/BIOS，定时器 2 可用于一般定时器；串行外设为 2 通道 CAN 模块、3 通道 SCI 模块、2 个 MCBSP（多通道缓冲串行接口）模块、1 个 SPI 模块、1 个 I2C 主从兼容的串行总线接口模块。

（9）12 位的 A/D 转换器具有 16 个转换通道、2 个采样保持器、内外部参考电压，转换速度为 80ns，同时支持多通道转换。

（10）88 个可编程的复用 GPIO 引脚。

（11）低功耗模式；1.9V 内核，3.3VI/O 供电；符合 IEEE1149.1 标准的片内扫描仿真接口（JTAG）。

（12）TMS320F28335 的存储器映射需注意以下几点：片上外设寄存器块 0-3 只能用于数据存储区，用户不能在该存储区内写入程序。

4.8.3　交流伺服系统数字控制器算法设计（DSP 为核心）

4.8.3.1　电流调节器的设计

动态校正的主要内容，就是根据电流环的动态结构图确定电流调节器的结构形式和参数，电流环动态结构图如图 4-28 所示。电流环能抑制电源电压波动对电枢电流的影响。从解决启动电流跟随电流给定信号 U_i^* 来看，校正成二阶典型系统效果比三阶典型系统为好，因为它可以使电流超调量小，相对稳定性好一些。而采用三阶典型系统对提高系统抗干扰能力有利，抑制电源电压扰动所需要的恢复时间短，尤其适用于车间电源电压波动频繁的场合。本书所设计的高精度伺服控制系统主要是从电流超调量上考虑，所以电流环校正成二阶典型系统。

在设计电流调节器时忽略反电动势 E_a 对电流环动态性能的影响，可根据图4-29 所示的电流环的动态结构图来确定电流调节器的形式和参数。

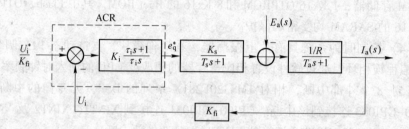

图 4-29　电流环动态结构图

按 I 型系统设计，综合考虑超调量与上升时间，选取阻尼比 $\xi = 1/\sqrt{2}$，则 $\tau_i = T_a$，T_a 为电磁时间常数。

$$K_I = \frac{K_i K_{fi} K_s}{\tau_1 R} = \frac{1}{2T_s}$$

式中，K_I 为电流环的开环增益，则

$$K_i = \frac{T_a R}{2 T_s K_{fi} K_s}$$

由于采用连续域等价设计方法（模拟化设计方法），应将 ACR 调节器进行以下算法离散化。

由图 4-29 可知：

$$e_q^* = K_i \left[\Delta i_q(t) + \frac{1}{\tau_i} \int_0^t \Delta i_q(\tau) d\tau \right] \tag{4-24}$$

设电流环采样时间为 T_i，让当前时刻采样值代替变量在此时刻到下一个时刻各值，

$$\Delta i_q(kT_i) = \Delta i_q(\tau) \tag{4-25}$$

其中：$kT_i \leqslant \tau \leqslant (k+1)T_i$，$K$ 为当前采样时刻对应的拍数。

设：

$$\omega_q(k) = \frac{K_i}{\tau_i} \int_0^{kT_i} \Delta i_q(\tau) d\tau \tag{4-26}$$

则有：

$$\omega_q(k+1) = \frac{K_i T_i}{\tau_i}(\Delta i_q(k) + \omega_q(k)) \tag{4-27}$$

同理在式（4-24）中令 $t = KT_i$，可得：

$$e_q^*(k) = K_i \Delta i_q(k) + \omega_q(k) \tag{4-28}$$

式（4-27）和式（4-28）就是离散的 PI 调节算法，为便于计算，令：

$$K_I = \frac{K_i T_i}{\tau_i}$$

可以归纳成下面算法：

$$e_q^*(k) = K_i \Delta i_q(k) + \omega_q(k) \tag{4-29}$$

$$\omega_q(k+1) = K_I \Delta i_q(k) + \omega_q(k) \tag{4-30}$$

$$\omega_q(0) = 0 \tag{4-31}$$

按此运算，积分是单独进行，且本拍积分值可由上拍值迭代算出，可以有效地减少计算延时，另外在具体实施算法过程中应考虑限幅以防止计算结果超出规定范围，产生溢出现象。

4.8.3.2　速度调节器的设计

速度调节器 ASR 通常采用 PI 调节器，以构成转速无静差的调速系统。在讨论动态校正时，速度调节器应按线性工作状态计算。

转速环的校正是在电流环校正完成的基础上进行的，因此常把电流环简化成一个等效惯性环节，以便于进行转速环的最优化设计。电流环按典型二阶最优校正时，开环增益 $K_1 = 1/2T_s$。

以 IPM 构成的逆变器，等效时间常数 T_s 属于小时间常数，故可以降阶处理，忽略高次项，简化成一阶惯性环节，这种简化只影响转速环幅频特性的高频段，对中频段影响很小。根据电流环简化结果，可得等效离散化转速环动态结构图，如图 4-30 所示。

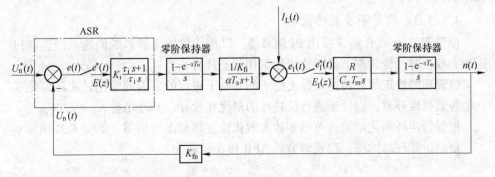

图 4-30　离散化转速环动态结构及其校正图

转速环被控对象等效为一个小时间常数的惯性环节和一个积分环节串联。速度调节器一般为 PI 调节器。

根据转速环结构图，转速调节器 ASR 传递函数为：

$$W_{\mathrm{ASR}}(s) = K_{\mathrm{n}} \frac{\tau_{\mathrm{n}} s + 1}{\tau_{\mathrm{n}} s}$$

用后向差分方法等效离散化 $\left(s = \dfrac{1 - z^{-1}}{T_{\mathrm{n}}} \right)$，得 PID 控制器 ASR 的离散化传递函数为：

$$D_{\mathrm{ASR}}(z) = K_{\mathrm{n}} \left(1 + \frac{T_{\mathrm{n}}}{\tau_{\mathrm{n}}} \cdot \frac{1}{1 - z^{-1}} \right)$$

可见，转速调节器 ASR 为 PI 调节，对应的离散化 PI 参数为：$K_{\mathrm{p}} = K_{\mathrm{n}}$，$K_{\mathrm{i}} = K_{\mathrm{n}} \cdot \dfrac{T_{\mathrm{n}}}{\tau_{\mathrm{n}}}$。

作为比例积分调节，与转矩电流调节器有相似的离散化过程及离散形式，可直接得到速度 PI 调节的软件算法。

$$i_{\mathrm{q}}^{*}(k) = K_{\mathrm{n}} \Delta n(k) + \omega_{\mathrm{N}}(k) \tag{4-32}$$

$$\omega_{\mathrm{N}}(k + 1) = K_{\mathrm{N}} \Delta n(k) + \omega_{\mathrm{N}}(k) \tag{4-33}$$

$$\omega_{\mathrm{N}}(0) = 0 \tag{4-34}$$

式中，$K_{\mathrm{N}} = K_{\mathrm{n}} T_{\mathrm{n}} / \tau_{\mathrm{n}}$ 为速度环采样周期。

由于所有的调节计算都是由微机完成，可以根据软件的特点进行灵活的控制，充分发挥软件的优势。在速度调节中，我们根据速度误差绝对值 $\| \Delta n \|$ 的大小进行两种不同的控制。

$|\Delta n| > |\Delta n_{\max}|$，在大误差范围，为了加快跟随速度，让调节器输出电流指令最大值，进行最大转矩调节，电机以最大加速度消除误差。

$|\Delta n| \leqslant |\Delta n_{\max}|$，进入小误差范围以后，为保证静态精度以及抗扰性能，进入比例积分调节。

4.8.3.3　位置调节器的设计

位置调节器 APR 通常采用 PI 调节器，以构成位置无静差的调速系统。在讨论动态校正时，位置调节器应按线性工作状态计算。

位置环的校正是在转速环校正完成的基础上进行的，因此常把转速环简化成一个等效惯性环节，以便于进行位置环的最优化设计。开环增益 $K_{\mathrm{I}} = 1 / 2 T_{\mathrm{s}}$。

根据转速环简化结果，可得等效离散化位置环动态结构图，如图 4-31 所示。

根据位置环结构图，位置调节器 APR 传递函数为：

$$W_{\mathrm{APR}}(s) = K_{\theta} \frac{\tau_{\theta} s + 1}{\tau_{\theta} s} \tag{4-35}$$

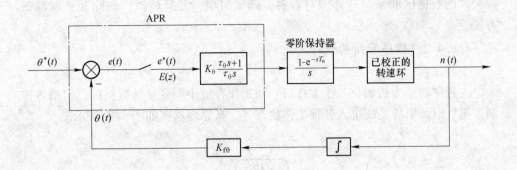

图 4-31 离散化位置环动态结构及其校正图

用后向差分方法等效离散化 $\left(s = \dfrac{1-z^{-1}}{T_{\mathrm{n}}}\right)$，得 PID 控制器 APR 的离散化传递函

数为：

$$D_{\mathrm{APR}}(z) = K_\theta\left(1 + \frac{T_{\mathrm{n}}}{\tau_\theta} \cdot \frac{1}{1 - z^{-1}}\right) \tag{4-36}$$

可见，位置调节器 APR 为 PI 调节，对应的离散化 PI 参数为：$K_{\mathrm{p}} = K_\theta$，$K_{\mathrm{i}} = K_\theta \cdot \dfrac{T_{\mathrm{n}}}{\tau_\theta}$。

4.8.4 交流伺服系统程序设计（DSP 为核心）

4.8.4.1 软件的总体结构设计

软件的总体结构如图 4-32 所示，电流环由于实时性最强，我们设置其优先级最高，速度环以中断嵌套方式进行工作，分别执行各自的计算及调节功能。

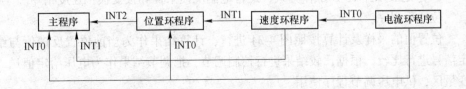

图 4-32 软件总体结构框图

程序的主要特点是将整体功能分解，看作基本模块功能的组合，各模块之间

以公共的数据区联系，这样编写容易，调试简单，并且修改、删除和扩展都很方便。

4.8.4.2 程序的结构设计

主程序：

主程序功能为初始化各个 I/O 口，初始化存放中间变量的数据区，扫描各控制按键，以及引导系统进入各种工作状态等。其原理框图如图 4-33 所示。

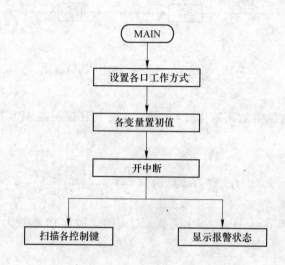

图 4-33 主程序框图

需要定义 DSP 工作方式的各 I/O 口包括：

(1) 定义 I/O 口的输入输出状态。

(2) 定义 PWM 工作方式为空间矢量 PWM 输出方式。

(3) 定义捕获单元为正交编码 QEP 工作方式，以进行速度反馈采样。

(4) 定义双路 A/D 工作方式，进行电流反馈采样和接受模拟速度指令。

位置环程序：

位置值的采样及计算按照图 4-34 进行，计算结果作为当前位置反馈值与给定信号进行比较，根据比较结果进行控制调节，把调节结果作为电压给定值送入变量区，供电压调节程序使用。

速度环程序：

速度值的采样及计算按照图 4-35 进行，计算结果作为当前速度反馈值与给定信号进行比较，根据比较结果进行控制调节，把调节结果作为转矩电流给定值送入变量区，供电流调节程序使用。

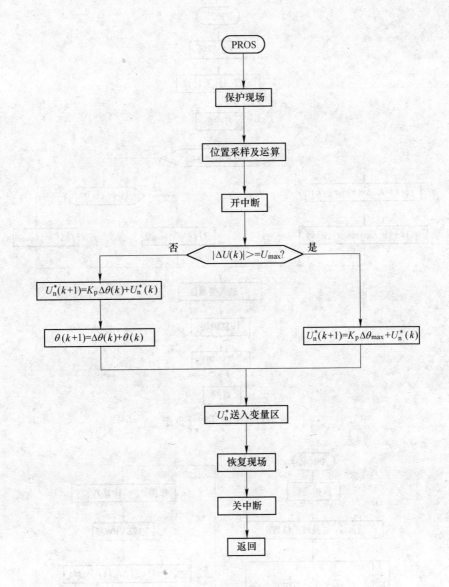

图 4-34 位置环程序框图

电流环程序：

电流调节程序对实时性要求最高，而计算量也最大。它包括电流值采样以及转子磁场位置采样，进行模型简化工作涉及的所有运算，还负责转矩电流和磁场电流的调节运算等。因此在系统中设置其中断优先级别最高，由电流转换完成信号提出中断请求，CPU 马上响应并进入电流服务程序，其程序框图如图 4-36 所示。

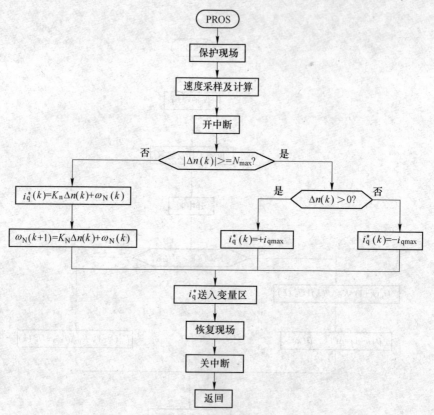

图 4-35 速度环程序框图

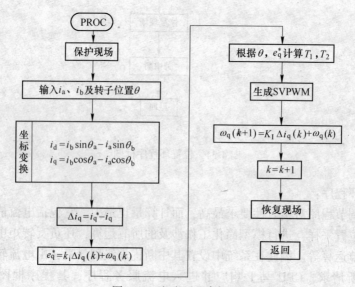

图 4-36 电流环程序框图

参 考 文 献

［1］ 宋晓青. 数字控制系统分析与设计 ［M］. 北京：清华大学出版社，2015.

［2］ 丁建强，等. 计算机控制技术及其应用 ［M］. 北京：清华大学出版社，2012.

［3］ 潘月斗，等. 电力拖动自动控制系统 ［M］. 北京：机械工业出版社，2014.

［4］ Rolf Isermann. Digital Control System ［M］. springer—verlog. Berlin, Heidelberg. 1986.

［5］ 王晓明. 电动机的单片机控制 ［M］. 北京：航空航天大学出版社，2015.

［6］ Charles L Phillips, et al. 数字控制系统分析与设计 ［M］. 3 版. New Jersey：Prentice-Hall，1995.